TensorFlow
による
深層強化学習
入門
—OpenAI Gym+PyBullet
によるシミュレーション—

牧野 浩二・西崎 博光（共著）

Ohmsha

本書に掲載されている会社名・製品名は，一般に各社の登録商標または商標です．

本書を発行するにあたって，内容に誤りのないようできる限りの注意を払いましたが，本書の内容を適用した結果生じたこと，また，適用できなかった結果について，著者，出版社とも一切の責任を負いませんのでご了承ください．

まえがき

　深層学習が注目されてから 10 年近く経ち，さまざまな分野で実際に利用されるようになってきました．例えば，翻訳や顔認証，画像診断など，すでに日常生活で利用されているものもあります．一方で，深層学習に強化学習を組み込んだ深層強化学習は，深層学習に比べてまだまだ実際の問題へ適用した例は多くありません．

　深層強化学習は，目的（勝負に勝つや物を掴むなど）を与えておくと試行錯誤しながら徐々に目的に達するまでの行動が上手くなるという学習です．これを応用した例として，テレビゲームで人間よりも上手くなった，囲碁や将棋でプロよりも強くなった，ロボットハンドを制御してかごの中に乱雑に置かれている物を自動的に把持できるようになったなどが報告されています．この例のように，深層強化学習はコンピュータの中の世界だけにとどまらず，人間とのインタラクションであったり，ロボットを動かしたりなど現実世界とのつながりを強く持つ手法となっています．また，深層強化学習は良い行動と悪い行動を設定するだけで学習できるため，実環境でのさまざまな問題への応用が期待されています．

　しかしながら，深層強化学習を使いこなすには深層学習，強化学習の両方の知識が必要になるという難しさもあります．また，実際の世界に応用しようとするとロボットなど実際の物を動かすための知識や技術も必要となります．

　本書では，初学者でも理解できるような構成となるように心掛けました．まず，第 1 章では深層強化学習を行うための環境構築について説明します．その後，第 2 章と第 3 章ではそれぞれ深層学習と強化学習の基礎を説明します．第 4 章では，それらを組み合わせることで深層強化学習を理解できるような構成としています．また，深層強化学習では簡単な問題から始め，例題を取り上げて，徐々にステップアップできるようにしています．そして最後の第 5 章では，深層強化学習とロボットの連携について紹介します．

　本書は，2018 年に発行された『Python による深層強化学習入門 − Chainer と OpenAI Gym ではじめる強化学習』（以下，Chainer 版）に加筆修正を行ったものです．大きな変更点はフレームワークとして TensorFlow（TF-Agents）を採用した点です．その他の変更点として，物理シミュレータに PyBullet を採用しまし

た．例題の多くは Chainer 版と同じものも使用しています．これは，筆者がわかりやすいと考える例題であったことと，同じ例題を見比べることで Chainer から TF-Agents への移行の手助けになることを期待しているからです．また，対戦ゲームはステップアップのために石取りゲームも加えて，よりわかりやすくしました．

　本書の執筆にあたり，初心者でも深層強化学習を学ぶことができるということを実践するために，本書の原稿を読みながら開発環境の構築やプログラムの動作チェックを行っていただいた山梨大学大学院医工農学総合教育部の曹書暢さん，日置友梨さん，宮下大貴さん，太田健斗さんに深く感謝いたします．また，著者らが所属する山梨大学工学部メカトロニクス工学科および山梨大学附属ものづくり教育実践センターの教職員の方々，著者らの所属している研究室の大学生・大学院生からも陰ながらご支援をいただきました．末筆ではありますが，オーム社の皆さまのご尽力がなければ本書が世に出ることはなかったでしょう．ご協力いただいたすべての皆様に今一度感謝の意を表します．

　2021 年 1 月

牧野浩二・西崎博光

【本書ご利用の際の注意事項】

● 本書のプログラムはオーム社のホームページ（https://www.ohmsha.co.jp/）からダウンロードできます．

● 本書のプログラムは，本書をお買い求めになった方のみご利用いただけます．また，本プログラムの著作権は，本書の著作者である牧野浩二氏，西崎博光氏に帰属します．

● 本書のプログラム群は以下の環境で実行できることを確認しています．

　・Windows 10
　・macOS 10.13 High Sierra 搭載 MacBook, MacBook Pro
　・Raspberry Pi OS（旧 Raspbian）10／Raspberry Pi3 Model B または Raspberry Pi4 Model B
　・Ubuntu 18.04, 20.04／Intel Core i7 搭載 PC
　・Python 3.7

　なお，Python ライブラリのインストールでは pip コマンドを利用しますが，Python2 系がインストールされた Linux，macOS，Raspberry Pi では pip3 と明示しないと Python3 系で使えるライブラリとしてインストールされませんので注意してください．pip のみだと Python2 系のライブラリとしてインストールされる場合があります．明示的に Python2 系を指定したい場合は python -m pip としたほうが確実です．
　以上の環境以外では対応しておりませんので，あらかじめご了承ください．

● 本書に掲載されている情報は，2020 年 7 月時点のものです．実際に利用される時点では変更されている場合があります．特に深層学習のフレームワークである TensorFlow（TF-Agents）はバージョンアップの間隔が早く，Python のライブラリ群も頻繁にバージョンアップがなされています．バージョンアップの仕様によっては本書のプログラムが動かなくなることもありますので，あらかじめご了承ください．

● 本ファイルを利用したことによる直接あるいは間接的な損害に対して，著作者およびオーム社はいっさいの責任を負いかねます．利用は利用者個人の責任において行ってください．

● 本書で提供するプログラムの再配布・利用については以下の通りとします．

　1. プログラムはフリーソフトウェアです．個人・商用にかかわらず自由に利用いただいて構いません．
　2. プログラムは自由に再配布・改変していただいて構いません．
　3. プログラムは無保証です．プログラムの不具合などによる損害が発生しても著作者およびオーム社はいっさいの保証ができかねますので，あらかじめご了承ください．

目 次

第 3 章　強化学習　　61

第4章　深層強化学習　　　　　　　　　　95

第 5 章　実環境への応用   201

付録 241

第 **1** 章

はじめに

1.1 深層強化学習でできること

深層強化学習[注1]とは,深層学習[注2]と強化学習[注3]の2つを組み合わせた方法です.

これらはいずれも機械学習と呼ばれる人工知能(AI)の手法の1つです.深層学習は答えのある問題を学習して分類する問題(画像認識や自動作文)などに,強化学習は良い状態と悪い状態だけを決めておいてその過程を自動的に学習してよりよい動作を獲得する問題(ロボットのコントロールやゲームの操作)などに用いられています.

これらを組み合わせた深層強化学習を使うと,例えば**図 1.1**(a),(b)に示すようなパックマンやスペースインベーダーなどのゲームをうまく動かすことができるようになります.さらに,深層強化学習はロボットのように実際に動くものへの応用が期待されています.例えば図 1.1(c),(d)に示すように,物理エンジンを組み込んで人型ロボットを移動させたり[注4],ロボットアームでものをつかんだりするシミュレータが開発され,うまく動かすための研究が盛んに行われています.また,将棋や囲碁で人間と対局して注目を浴びた DeepMind 社の AlphaGo に代表されるような AI は,深層強化学習を使っているといわれています.

注1 第4章,第5章にて解説します.
注2 第2章にて解説します.
注3 第3章にて解説します.
注4 マウスでロボットをつかんで転ばせることができます.立ち上がってまた走り出します.

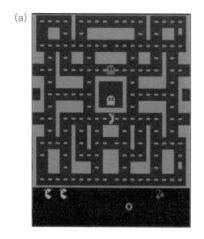
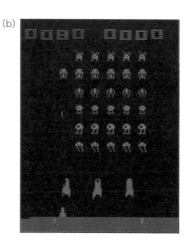
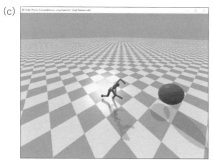
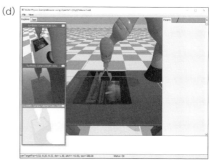

図1.1 深層学習の応用例：(a)パックマン，(b)スペースインベーダー，(c)人型ロボット，(d)ロボットアーム

　実際のロボットを動かした例として，**図1.2**に示すようなロボットアームで適当に置かれたものをつかんだという報告があります．ゲームやロボットなどの例は深層学習の成果として示されることが多いのですが，実際には深層学習の発展版である深層強化学習の成果であることが多いようです．

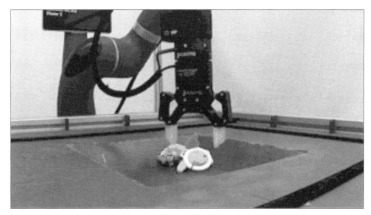

図 1.2 ロボットアームによる物体把持 [DeepMind 社の研究に関するホームページより[注5]]

　強化学習と深層学習から深層強化学習へ発展するまでの過程を**図 1.3** に示します．それぞれの技術の詳細は，第 2 章以降で説明します．

　最初，ニューラルネットワークと強化学習は別々に研究されていました．そして強化学習の研究から，実環境に適用しやすい Q ラーニングが開発され，さまざまな場面で使われるようになりました．その Q ラーニングにニューラルネットワークを組み込んだ Q ネットワークが研究されるようになりましたが，当時のニューラルネットワークではいろいろなことができなかったように，Q ネットワークもあまり多くのことはできませんでした．

　その後，ニューラルネットワークから発展した深層学習（ディープラーニング）が注目されるようになりました．そしてこの深層学習と Q ラーニングを合わせたディープ Q ネットワーク（DQN：Deep Q-Network）が登場し，深層強化学習と呼ばれる手法が始まり，深層学習と同様に多くの成果を出しています．

　これに，もともとの強化学習やその発展版などを組み合わせた深層強化学習が開発され，さまざまな場面で技術的なブレークスルーをもたらしています．

注5　https://deepmind.com/research/publications/Simple-Sensor-Intentions-for-Exploration

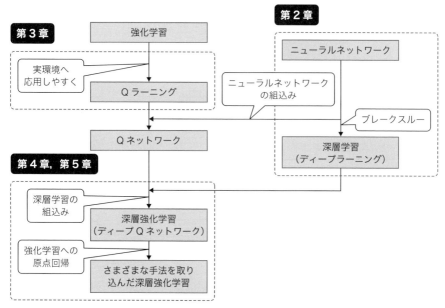

図1.3 深層強化学習の変遷

　では，なぜ深層強化学習がよいのでしょうか．

　一般に，深層学習は入力データに対する答え（教師データ）がなければ学習できないという特徴があります．

　例えば，深層学習を広く一般に知らしめた画像認識問題でも，何が写っているのかという教師データが付いた大量の画像を学習しています．また，自動的に小説を書いたり天気予報などのニュースを書いたりすることも深層学習でできるようになってきましたが，これも単語の並び順を教師データとして用いて対象とするジャンルの文章を大量に学ばせることを行っています．

　ここで，図1.1 に示したパックマンの問題を深層学習で解くことを考えてみます．

　深層学習の場合，すべての状態（敵の位置と残りのクッキー（パックマンが食べる点）の位置，自分の位置）に対して，パックマン（専門的にはエージェントと呼びます）がどの方向に動くのがよいのかという答えを作らなければなりません．これは状態の数が多すぎて答えを作れないというだけでなく，「どのような行動をとることが本当はよいのか？」という質問への答えそのものを作れないという問題があります．

　強化学習では，敵にぶつかったらマイナスの報酬，クッキーを食べたらプラス

の報酬，それ以外は報酬を与えられないというルールだけを決めておき，報酬が与えられない行動がよかったかどうかを自分自身で判断することで，よりよい行動を選択するように学習を行います．パックマンの場合，人間が設定するのはこの2種類の報酬だけなので，問題がとても簡単に設定できます注6．

この考え方と深層学習を組み合わせて，複雑な動作を学習できるようにしたのが深層強化学習です．深層強化学習は入力に対する答えが明確に決まっていない問題に適した学習法なのです．さらに，深層強化学習では，エージェントが行動した結果，状態が変わる場合（パックマンではクッキーが減る，敵に見つかるなどに相当します）にうまく対応できるよう学習できることが強みの1つです．

このように，行動によって状態が変わるような問題というのは実際のロボットではよくある状況なので，深層強化学習は実際のロボットに組み込みやすいという特徴もあります．

1.2 本書の構成

深層強化学習は図1.3に示したように新しい技術を少しずつ取り入れながら進化してきました．そのため，深層学習とは何か，強化学習とはどのようなものかを知らなければ，自分でプログラムを組むことは難しくなります．

そこで本書では，まず第2章にて深層学習の，第3章にて強化学習のそれぞれの説明を行います．その後，第4章にてそれらを統合した深層強化学習の説明に入ります．深層強化学習は実際のロボットへの応用や実環境への適用に効果を発揮します．そこで，第5章では実際に動くものを作り，実際の環境を用いて深層強化学習を実行します．

これにより，初学者であっても，深層学習，強化学習，さらには深層強化学習の仕組みを身につけ，最終的には実環境で動くものに応用できる中・上級者を目指すことができます．

また，第3章の強化学習以降すべての章で一貫して，「ネズミが自販機のボタンを操作して餌を受け取る手順を学習する」問題を扱います．この問題を本書では「ネズミ学習問題」と呼ぶこととします（「スキナーの箱」とも呼ばれます）．これは強化学習の分野では有名で，次のような問題となっています．

注6　いわゆるゲームの説明書のように設定できます．説明書では敵に当たらないこと，クッキーを食べつくすことなどが書かれていますね．

ネズミ学習問題

かごに入ったネズミが1匹います.

かごには2つのボタンが付いた自販機があり, 自販機にはランプが付いています. **図1.4** の左側のボタン（電源ボタン）を押すたびに自販機の電源がONとOFFを繰り返します. そして, 自販機の電源が入るとランプの明かりが点きます. 電源が入っているときに限り, 右側のボタン（商品ボタン）を押すとネズミの大好物の餌が出てきます.

さて, ネズミは手順を学習できるでしょうか？

電源ランプ　　餌取出しランプ

電源ボタン　　商品ボタン

図1.4 ネズミ学習問題

人間が考えれば, 電源をONにしてから商品ボタンを押すだけだとすぐにわかります. 非常に単純な問題ですが, 強化学習を理解する上でとてもわかりやすい問題設定です. そして, 同じ問題を深層強化学習で解くことで, 強化学習（第3章）と深層強化学習（第4章）の違いを学ぶことができます. 最終的にはこの問題を実際の機械で実現し, 深層強化学習を用いて学習します（第5章）.

さらに, 実際に動くものを学習する例として, 本書では, **図1.5** に示すような, ほうきを逆さまにして手に立てるような動作（倒立振子問題）や, テニスのラケット面を上に向けてボールを上に軽く打ち, それをひたすら続けるような動作（リフティング問題）などを学習させることを行います.

図 1.5 (a) ほうきの倒立振子と (b) テニスのリフティング

　本物のほうきやラケットで学習することは非常に難しいため，シミュレーショ
ンを用いて学習を行います．また，実際の物が動くシミュレータ（例えば，図
1.1 (c)，(d)）を作ることも難しい問題です．本書では，OpenAI Gym という強化
学習のアルゴリズムの開発を手助けするために整備されたシミュレーション環境
を用いて学習する方法を示します（4.5〜4.7 節）．まずは動かして，それを改造す
るところから始めましょう．

　これができるようになると，OpenAI Gym を用いないシミュレーションも行い
たくなってきます．そこで，OpenAI Gym に頼らない方法も紹介します（4.8 節）．

　さらに，図 1.1 (c), (d) に示したような複雑なシミュレーションを行うには物理
エンジンと呼ばれる計算ライブラリを用いる必要があります．そこで，OpenAI
Gym に物理エンジン（PyBullet）を組み込んだシミュレータを用いた深層強化学
習を紹介します（4.9〜4.12 節）．最終的には OpenAI Gym に頼らず，かつ物理エ
ンジンを組み込んだシミュレータを作成し，深層強化学習を行う方法を紹介しま
す（4.13 節）．

　それに加えて，対戦ゲーム（**図 1.6**）を対象とした深層強化学習を行います
（4.14，4.15 節）．さらに，対戦ゲームの学習が終わったら人間との対戦を行いま
す．

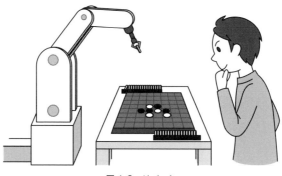

図 1.6 リバーシ

　本書で学ぶ内容を一覧にまとめると**図 1.7** となります．節が進むにつれて少しずつレベルアップしていく構成となっています．

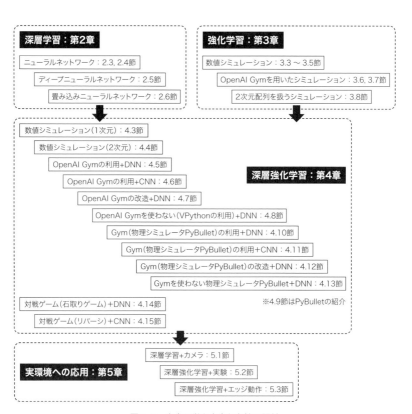

図 1.7 本書で学ぶ内容と各節の関係

このようにステップアップしていくことで，実際の環境で動くモノを作れるようになるはずです．

1.3 フレームワーク：TensorFlow と TF-Agents

深層学習や深層強化学習をゼロからプログラミングする方法もありますが，これは非常に大変な作業です．

そのため一般的には，さまざまな機関や企業から公開されている深層学習や深層強化学習を行うためのフレームワークを利用します．2018 年ごろには Chainer や Caffe，Theano などさまざまなフレームワークが使われていましたが，最近は TensorFlow（テンサーフロー，テンソルフロー）と PyTorch（パイトーチ）の2 大フレームワークに集約された印象があります．本書では，Google（Alphabet 社）が公開している TensorFlow を用います．

TensorFlow を使うことの利点として以下のものがあります．

- Linux や macOS，Windows にも公式に対応している
- モバイルや IoT といった分野への応用も視野に入れた開発が行われ，Raspberry Pi や Android，iOS などのモバイル機器や IoT 機器へ対応する技術（TensorFlow Lite）も公開されている
- 大規模な本番環境を想定して TensorFlow を使うための技術（TensorFlow Extended）も公式ホームページにて紹介されている
- TensorFlow は 2.0 にアップデートされてからプログラムのコードが書きやすくなり，初心者でも原理がわかれば簡単に使いこなせるようになっている
- 深層学習の使い方に関しては日本語による公式ページがあるなど学びやすい環境が整っている

一方，TensorFlow の深層強化学習バージョンである TF-Agents は非常に強力なツールですが，TF-Agents の情報はまだまだ少ないのが現状です．本書では TensorFlow の使い方を説明し，それを応用することで TF-Agents を使った深層強化学習について解説を行います．

1.4 Python の動作確認

使用プログラム hello.py

　本書では TensorFlow の Python フレームワーク（ライブラリ）を用います[注7]．本節ではまず Python のインストールおよび動作確認を行います．すでに Python のプログラミング環境ができあがっている方は次の節に進んでください．なお，本書では Python の詳しい使い方は扱いませんので，Python を使うのがはじめてという方や Python に慣れていない方は適宜インターネットなどで調べながら読み進めてください．

　本書のプログラムは，Windows や macOS（OS X）[注8]，Linux（Ubuntu 18.04，20.04），Raspberry Pi OS で動作確認を行い，それぞれに異なる場合はその都度説明を加えています．Python には 2 系と 3 系がありますが，本書では 3 系を用います．

　以降では簡単のため，それぞれ Windows，Mac，Linux，RasPi と表します．

　なお，Python のバージョンは本書では 3.7 を想定します[注9]

1. Windows の場合

　TensorFlow の公式ホームページに Windows へのインストール方法の説明がありますが，CPU の種類によって動作しないことがあることを確認しています．ここでは Windows をお使いの方向けに Anaconda というデータサイエンス向けの Python パッケージのインストールと Python の動作確認を行います．なお，本書の内容を超えた高度なことを行う場合は公式ホームページの方法にならってください．まず，Anaconda のサイトにアクセスします[注10]．

　ページ下部の Anaconda Installers からご自身の環境のインストーラをダウンロードしてください．ダウンロードしたインストーラを実行するとインストールが始まります．

注7　ほかにも Java や C でも提供されていますが，Python が最も一般的に用いられています．
注8　本書では Intel CPU 搭載 Mac を想定しています．M1 チップ搭載 Mac ではインストール方法などが異なる場合がありますので，ご注意ください．
注9　OS によってはバージョン 3.6 やバージョン 3.8 も確認しています．
注10　https://www.anaconda.com/products/individual

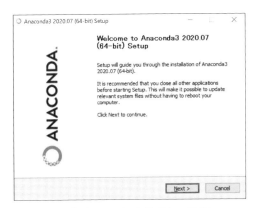

図 1.8 Anaconda のインストール画面

　この場合，Python3.8 がインストールされますが，本書執筆時点ではスペース
インベーダーを対象とする節が動作しませんでした．スペースインベーダーの節
を行うときには付録 A.5 を参考に異なるバージョンの Python をインストールを
してください．

　Python3.7 がデフォルトとなっているバージョンの Anaconda もインストール
できます．この場合，Anaconda のトップページから移動するページではなく，
以下のページにアクセスします．

```
https://repo.anaconda.com/archive/
```

　そして，「Anaconda3-2020.02-Windows」から始まるファイルをダウンロードし
ます．

　特別に設定することはありませんので，そのままインストールします．

　それでは Python の動作確認をしましょう．本書ではターミナル[注11] のコマンド
入力は $ マークを付けてその後ろに示します．ターミナルを開き，$ マーク[注12] の
後ろに次のように入力します[注13].

注 11　Windows では Anaconda Prompt を推奨しますが，コマンドプロンプトあるいは PowerShell でも
　　　 たいてい実行できます．
注 12　お使いの PC 環境の違いで異なるマークになっている場合もあります．
注 13　hello.py はまえがきの v ページ目をお読みいただき事前にダウンロードして，作業ディレクトリに
　　　 置いておいてください．

```
$ cd 【作業ディレクトリ】
$ python hello.py
```

ここでは作業ディレクトリに hello.py を置いたとして python コマンドで実行しています．ターミナルに次のように表示されればインストールは成功しています．

ターミナル出力 1.1　hello.py の実行結果

```
Hello, TensorFlow and TF-Agents!
```

hello.py の中身は次のようになっています．本書では，プログラムのリストや実行結果は**リスト 1.1** や**ターミナル出力 1.1** として示すことにします．

リスト 1.1　簡単なプログラム：hello.py

```
1  print ('Hello, TensorFlow and TF-Agents!')
```

なお，本書のプログラムの文字コードは utf-8，改行コードは LF となっており，Windows 標準のメモ帳ではうまく編集できません．プログラムを編集する際にはプログラムの編集に適したテキストエディタをお使いください[注14]．

2.　Linux, Mac, RasPi の場合

Python3 の実行環境がインストールされていない場合は，次をインストールします[注15]．

```
$ sudo apt install python3-pip
```

使用するプログラムと実行結果はそれぞれリスト 1.1，ターミナル出力 1.1 と同様です．

Windows は python コマンドを使い，Linux，Mac，RasPi は python3 コマンドを使用する点が異なりますが，多くの場合それ以外は同じとなります．そこで，

注14　無料で使えるエディタとして「Visual Studio Code」「Atom」「サクラエディタ」などがあります．
　　　付録 A.1 で簡単に紹介しています．
注15　Mac の場合は，apt コマンドの実行に JDK のインストールを求められることがあります．

以降の説明では，次のように表記しますので，Linux，Mac，RaSpi で実行する際は Python3 に読み替えてください．なお，それぞれの実行環境で異なる場合はその都度説明します．

　　実行：python（Windows），python3（Linux，Mac，RaSpi）

```
$ python プログラム名
```

1.5　TensorFlow のインストール

　深層学習のために TensorFlow のインストールを行います．これは第 2 章以降の説明ですべて必要となります．

　本書では TensorFlow の ver.2.2.0 を使用して動作検証を行いました．深層学習の分野は発展が速いため，旧バージョンのプログラムが動かなくなることがまれにあります．動かない場合は，バージョンを指定してインストールしてください．

1.　Windows の場合

┌─ **ARM 系 CPU 搭載の Windows PC** ─────────────
│ TensorFlow2 では ARM 系 CPU の Windows PC へのインストールはサポー
│ ト外になりました．ARM 系 CPU を用いて実用的なものを作ることは現実的
│ ではありませんが，勉強用の PC としてお使いになる読者もいらっしゃるか
│ と思います．そこでインストール方法を付録 A.4 にまとめました．公式には
│ サポートしている方法ではないため，突然インストールできなくなることが
│ あります．
└────────────────────────────────

　次のコマンドを実行してインストールを行います．

```
$ pip install --upgrade pip
$ pip install tensorflow
```

　インストールの確認は，次の手順で行います．まず，python コマンドで対話モードを起動します．対話モードで以下のコマンドを入力した結果，バージョンが表示されればインストールができています．

```
$ python
>>> import tensorflow
>>> tensorflow.__version__
'2.2.0'
>>> (Ctrl+DまたはCtrl+Zで終了)
```

2. Linux, Mac の場合

インストールの確認は，次の手順で行います．

次のコマンドを実行してインストールを行います．なお，OS のインストール時の手順に従ってソフトウェアのアップデートが行われているものとしています．

```
$ pip3 install --upgrade pip
$ pip3 install tensorflow
```

python3 コマンドを用いる以外は Windows と同じです．

```
$ python3
>>> import tensorflow
>>> tensorflow.__version__
'2.2.0'
>>> (Ctrl+DまたはCtrl+Zで終了)
```

3. RasPi の場合

RasPi には Raspberry Pi Imager を利用して Raspberry Pi OS（32Bit）をインストールした場合，次のコマンドでインストールできました[注16]．なお，OS のインストール時の手順に従ってソフトウェアのアップデートが行われているものとしています．

```
$ sudo pip3 install --upgrade setuptools
$ sudo apt-get install -y libhdf5-dev libc-ares-dev libeigen3-dev gcc gfortran
python-dev libgfortran5 libatlas3-base libatlas-base-dev libopenblas-dev
libopenblas-base libblas-dev liblapack-dev cython openmpi-bin libopenmpi-dev
python3-dev
```

注16　なお，GitHub（https://github.com/PINTO0309/Tensorflow-bin）と Qiita（https://qiita.com/PINTO/items/ecdab78dda6868221aee と https://qiita.com/morichu78/items/1575299e6676450c47ed）を参考にしています．

```
$ sudo pip3 install keras_preprocessing==1.1.0 --no-deps
$ sudo pip3 install h5py==2.9.0
$ sudo pip3 install keras_applications==1.0.8 --no-deps
$ sudo pip3 install pybind11
$ pip3 install -U --user six wheel mock
$ wget https://raw.githubusercontent.com/PINTO0309/Tensorflow-bin/master/
tensorflow-2.4.0-cp37-none-linux_armv7l_download.sh
$ chmod +x tensorflow-2.4.0-cp37-none-linux_armv7l_download.sh
$ ./tensorflow-2.4.0-cp37-none-linux_armv7l_download.sh
$ sudo -H pip3 install tensorflow-2.4.0-cp37-none-linux_armv7l.whl
$ sudo reboot

$ sudo apt-get install build-essential openjdk-8-jdk python zip unzip
$ wget https://github.com/PINTO0309/Tensorflow-bin/raw/master/zram.sh
$ chmod 755 zram.sh
$ sudo mv zram.sh /etc/init.d/
$ sudo update-rc.d zram.sh defaults
$ sudo reboot

$ cd ~
$ mkdir bazel;cd bazel
$ wget https://github.com/bazelbuild/bazel/releases/download/0.24.1/bazel-0.24.1-
dist.zip
$ unzip bazel-0.24.1-dist.zip
$ env EXTRA_BAZEL_ARGS="--host_javabase=@local_jdk//:jdk"
$ nano compile.sh
```

以下のように変更する

```
################################################################################
bazel_build "src:bazel_nojdk${EXE_EXT}" \
  --host_javabase=@local_jdk//:jdk \
  --action_env=PATH \
  --host_platform=@bazel_tools//platforms:host_platform \
  --platforms=@bazel_tools//platforms:target_platform \
  || fail "Could not build Bazel"
################################################################################
```

```
$ nano scripts/bootstrap/compile.sh
```

以下のように変更する

```
################################################################################
  run "${JAVAC}" -classpath "${classpath}" -sourcepath "${sourcepath}" \
      -d "${output}/classes" -source "$JAVA_VERSION" -target "$JAVA_VERSION" \
      -encoding UTF-8 ${BAZEL_JAVAC_OPTS} "@${paramfile}" -J-Xmx800M
```

```
###########################################################################
$ sudo bash ./compile.sh
$ sudo cp output/bazel /usr/local/bin
$ sudo reboot
```

1.6　TF-Agents のインストール

深層強化学習のために TF-Agents のインストールを行います．これは本書の第 3 章以降で必要となります．本書では深層強化学習用フレームワーク TF-Agents の ver.0.5.0 を使用しました．

1.　Windows の場合

次のコマンドを実行してインストールを行います．

```
$ pip install tf-agents
```

インストールの確認は，TensorFlow の確認と同様の手順で行います．まず，対話モードを起動し，以下のようにバージョンが表示されることを確認します．

```
$ python
>>> import tf_agents
>>> tf_agents.__version__
'0.5.0'
>>> (Ctrl+DまたはCtrl+Zで終了)
```

なお，インストールできていない場合は「ModuleNotFoundError: No module named 'tf_agents'」のようなエラーメッセージが表示されます．

2.　Linux, Mac, RasPi の場合

Windows と同じ手順でインストールでき，確認は python3 コマンドを用いる点以外は同じです．

```
$ sudo pip3 install tf-agents
```

RaSPi の場合は，bashrc の末尾に以下を追加します．

```
$ vim.tiny .bashrc 以下を追加
export LD_PRELOAD=/usr/lib/arm-linux-gnueabihf/libatomic.so.1
```

1.7 シミュレータ：OpenAI Gym のインストール

使用プログラム openai_test_cp.py

本節では深層強化学習のシミュレーションを簡単に行うために OpenAI の Gym をインストールします．Gym は本書の第 3 章以降で必要となります．次の コマンドを実行してインストールを行います．

なお，RaSPi はエッジデバイスへの応用のために紹介していますので，グラフィ カルな表示を含むシミュレーションは RaSPi では行いません．

1. Windows の場合

```
$ pip install gym
```

2. Linux, Mac の場合

```
$ sudo pip3 install gym
```

インストールの確認は，**リスト 1.2** に示すプログラムを実行することで行います．

リスト 1.2 倒立振子による OpenAI Gym の確認：openai_test_cp.py

```
1  import gym
2  env = gym.make('CartPole-v0')
3  env.reset()
4  for _ in range(1000):
5      env.render()
6      env.step(env.action_space.sample())
```

次のコマンドで実行すると**図 1.9** が表示されます．

実行：python（Windows），python3（Linux, Mac, RasPi）

```
$ python openai_test_cp.py
```

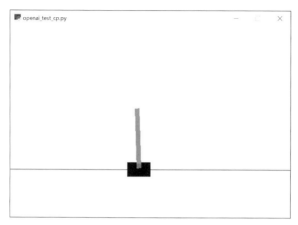

図 1.9　倒立振子の問題

Column シミュレータ：OpenAI Gym

深層強化学習は，ロボットなど何かしらの物が動くことにより状態が変わり，その状態に対応して動作するという繰り返しになります．

イメージがわきにくいと思いますので，図1.5（a）に示した手でほうきを立てる倒立振子を例として，イメージをはっきりさせます．ほうきを立てる場合，ほうきが倒れそうになったらその方向に素早く手を動かしますね．

動作する（手を動かす）ことで状態（ほうきの傾き）が変わります．そして，これを素早く繰り返せば，ほうきを立て続けることができます．このとき，数値を表示するだけでなく実際に動いている様子を確認できたほうがわかりやすくなります．

様子の確認には，OpenGL や OpenCV，VPython などを用いて，すべて記述する方法もありますが，本書では一部に「OpenAI Gym」を用います．OpenAI は非営利の研究機関であり，人間社会全体に利益をもたらすような人工知能の開発と推進を行うことを目的として，2015年10月に設立されました．設立者の一人は電気自動車で有名な米国テスラ社 CEO のイーロン・マスク氏です．

OpenAI は 2016年4月に，人工知能研究，特に強化学習アルゴリズムの開発と

評価のためのプラットフォームとして OpenAI Gym をリリースしました．OpenAI Gym にはさまざまな強化学習の課題が収録されており，例えばテレビゲーム（スペースインベーダーなど）をプレイするエージェント，古典制御問題（倒立振子など），ロボットアーム制御などを扱えるシミュレータが用意されています．

図 1.1 のパックマンやスペースインベーダーも OpenAI Gym の拡張版を使うことで簡単に実行できます．これを実行するには次に示す手順により OpenAI Gym の拡張版のインストールを行います．

1. Windows の場合

```
$ pip install gym[atari]
```

執筆時は，Windows では Python3.8 で動作しないことがありました．Python3.8 を用いる場合（python -V コマンドで確認できます）は，付録 A.5 に示す仮想環境に Python3.7 をインストールしてから行ってください．

なお，仮想環境でインストールしたときに以下のディレクトリにできる ale_c.dll を

```
C:\Users\【ユーザー名】\anaconda3\envs\py37\Lib\site-packages\atari_py\ale_
interface
```

次のディレクトリにコピーすると仮想環境でなくとも実行できるようになりました．

```
C:\Users\【ユーザー名】\anaconda3\Lib\site-packages\atari_py\ale_interface
```

2. Linux, Mac の場合

OpenAI Gym の拡張版を次のようにインストールします．Python3.7 では cmake のインストールは必要ない場合があります．

```
$ sudo apt install cmake
$ pip install gym[atari]
```

インストールの確認を行います．リスト 1.2 の 2 行目を次のように変えると図 1.1 (a) に示したパックマンが表示されます．

リスト 1.3 パックマン：openai_test_pm.py

```
2  env = gym.make('MsPacman-v0')
```

また，リスト1.2の2行目を次のように変えると図1.1の右に示したスペースインベーダーが表示されます．

リスト 1.4 スペースインベーダー：openai_test_si.py

```
2  env = gym.make('SpaceInvaders-v0')
```

1.8 物理エンジン：PyBullet のインストール

本書では物理エンジンを用いた深層強化学習のシミュレーション方法も紹介します．

この物理エンジンとして PyBullet [注17] を用います．

本書では第4章以降で必要となりますが，サンプルプログラムを動かすことで物理エンジンを知るための手助けとなりますので，ここで紹介しておきます．実際のインストールは第3章を読み終えたあとにしても問題ありません．

インストールは次のコマンドで行います．なお，物理エンジンの計算には性能の高いコンピュータが必要となります．そのため，本書では RasPi での動作は想定しません．

1. Windows の場合

```
$ pip install pybullet
```

2. Linux, Mac の場合

```
$ sudo pip3 install pybullet
```

注17 PyBullet は C++ で書かれた BulletPhysics を Python で使えるようにしたものです．公式ホームページ（https://pybullet.org/）にはさまざまなサンプルが用意されています．また，公式ホームページで「PYBULLET QUICK START GUIDE」をクリックすると関数やクラスの一覧を見ることができます．

次に，図 1.1（c）と（d）に示したサンプルプログラムの実行方法を紹介します．

図 1.1（c）のプログラムの実行方法

実行：python（Windows），python3（Linux, Mac）

```
$ python -m pybullet_envs.examples.enjoy_TF_HumanoidFlagrunHarderBulletEnv_
v1_2017jul
```

図 1.1（d）のプログラムの実行方法

実行：python（Windows），python3（Linux, Mac）

```
$ python -m pybullet_envs.examples.kukaGymEnvTest2
```

このほかにも，**表 1.1** に示すサンプルが動作します．特に，enjoy から始まる
サンプルプログラムは学習済みパラメータが含まれていますので，実行するとう
まく動作します．ぜひ試してみてください．

表 1.1 PyBullet のサンプル

学習済みサンプル	
enjoy_TF_AntBulletEnv_v0_2017may	4 足ロボット
enjoy_TF_HalfCheetahBulletEnv_v0_2017may	二次元の動物型ロボット
enjoy_TF_HopperBulletEnv_v0_2017may	一本足ロボット
enjoy_TF_HumanoidBulletEnv_v0_2017may	人型ロボット
enjoy_TF_HumanoidFlagrunHarderBulletEnv_v1_2017jul	人型ロボットの拡張
enjoy_TF_InvertedDoublePendulumBulletEnv_v0_2017may	2 連の倒立振子
enjoy_TF_InvertedPendulumBulletEnv_v0_2017may	倒立振子
enjoy_TF_InvertedPendulumSwingupBulletEnv_v0_2017may	倒立振子の振り上げ
enjoy_TF_Walker2DBulletEnv_v0_2017may	2 本足の簡易人型ロボット
環境だけ提供のサンプル	
kukaGymEnvTest	ロボットアーム
mini_cheetah_test	イヌのような 4 本足ロボット
minitaur_gym_env_example	4 つの三角形のタイヤを持つ車
racecarGymEnvTest	サッカーフィールドを走る車
testMJCF	人型ロボット

なお，サンプルプログラムは以下のディレクトリにあります．

● Windows の場合（Anaconda インストール直後）：

```
C:¥Users¥【ユーザー名】¥anaconda3¥Lib¥site-packages¥pybullet_envs¥examples
```

● Linux の場合（18.04 をインストール直後）：

```
/home/【ユーザー名】/.local/lib/python3.*/site-packages/pybullet_envs/bullet/
```

＊は Python のバージョンです．

ただし，仮想環境を使っていた場合などそれぞれの使用環境で異なりますので，例えば以下のコマンドで探してみてください．

```
$ find / -name enjoy_TF_Humanoid*
```

第 2 章

深層学習

2.1 深層学習とは

第1章で述べたように，深層学習（ディープラーニング）は答えのある問題を学習して分類する問題（画像認識や自動作文）などに用いられる機械学習の一手法であり，近年非常に注目されています．

深層学習は突然出てきた新しい技術ではなく，ニューラルネットワークを基にした技術です．ニューラルネットワークは NN（Neural Network）と略されることが多く，深層学習はニューラルネットワークの層（後で詳しく述べます）を深くしたものですので，ディープニューラルネットワーク（深いニューラルネットワーク）と呼ばれ，これを略して DNN（Deep Neural Network）と表されることがよくあります[注1]．

図 2.1 に示すように深層学習はディープニューラルネットワークを起点として，いろいろな派生があります．ここでは説明のためにニューラルネットワークの層を深くしたものを，ほかの発展的な手法と区別してディープニューラルネットワークと表現します．

ディープニューラルネットワークの派生を見ていきましょう．まず，畳み込みニューラルネットワーク（CNN：Convolutional Neural Network）は画像処理に強い深層学習の手法です．画像の中に何が描かれているかを当てる問題において

注1 本書では2層以上の全結合層（Dense 層）を持つニューラルネットワークを DNN（ディープニューラルネットワーク）と呼んでいます．ほかの書籍ではディープニューラルネットワークは CNN（畳み込みニューラルネットワーク）や RNN（リカレントニューラルネットワーク）などを含めたニューラルネットワークを示すこともあります．

人間の認識率を超えたとニュースになったのは，これを基に考案された方法によるものです．

　また，リカレントニューラルネットワーク（RNN：Recurrent Neural Network）は時系列データに強い深層学習の手法であり，自動作文などはこの方法によるものです．

　そして，写真や動画，音声を生成する敵対的生成ネットワーク（GAN：Generative Adversarial Network）も注目されています．GAN を使うことによって，例えば，写真から油絵風の画像に変換[注2]や，声質の変換（A さんの声を B さんの声に変える）[注3]を実現できています．

　図 2.1 にはありませんが，オートエンコーダ（AE：AutoEncoder）や変分オートエンコーダ（VAE：Variational AutoEncoder）は，ノイズ除去や音声・画像変換などに応用される深層学習の手法であり，モナリザの肖像画を笑わせるという研究はこの手法を応用したものとなります．さらに，Google などの機械翻訳では，エンコーダ・デコーダモデルと呼ばれるネットワークが使われています．近年は図で示した枠組みにとらわれず，いくつかの手法を合わせた方法が用いられています．例えば，リカレントニューラルネットワークが用いられていた部分に，Transformer や BERT と呼ばれる注意機構（Attention）メカニズムを採用するなど，さまざまな手法を組み込むことで更なる発展を遂げています．

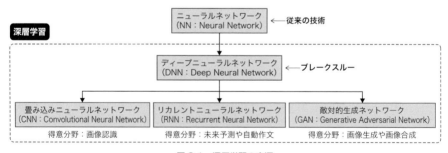

図 2.1　深層学習の変遷

　本書では深層強化学習にディープニューラルネットワークと畳み込みニューラ

注2　CycleGAN Project Page, https://junyanz.github.io/CycleGAN/

注3　StarGAN-VC2: Rethinking Conditional Methods for StarGAN-Based Voice Conversion, http://www.kecl.ntt.co.jp/people/kaneko.takuhiro/projects/stargan-vc2/index.html

ルネットワークを組み込むこととします．しかし，何も知らずにディープニューラルネットワークや畳み込みニューラルネットワークを深層強化学習に使うと，性能を十分に引き出せなかったり，今後の応用ができなくなってしまいます．そこでまず，ディープニューラルネットワークの基礎となるニューラルネットワークの基本的な原理から学ぶこととします．ただし，ニューラルネットワークのすべてを学ぶのではなく，ディープニューラルネットワークの理解に必要なことに限定します．その後，畳み込みニューラルネットワークの原理を学びます．

また，深層学習は学習させるだけでなく，使いこなすことも重要です．そのため，学習したモデルを用いて別のデータを入力し，テストするところまでを本章で述べます．

2.2　ニューラルネットワーク

できるようになること ニューラルネットワークを手計算で体験することで原理を知る

まずは深層学習の基となっているニューラルネットワークの説明から行います．**図 2.2** はニューラルネットワークの最も簡単な例で，これは（単純）パーセプトロンとも呼ばれるものです．x_1 と x_2 が入力，y が出力となっています．また，1 と書いてある丸は常に 1 が入力されていることを示しています．そして，それぞれの線に重み w_1，w_2 とバイアス b が設定されています．この丸印は「ノード」と呼ばれていて，ノードの間をつなぐ線は「リンク」と呼ばれています．1，x_1，x_2 を合わせたものは「入力層」と呼ばれ，y は（この例では 1 つしかないので層という感じはしませんが）「出力層」と呼ばれています．

出力 y を求めるためにまず式 (2.1) で s を計算します．その s を活性化関数と呼ばれる関数で計算した値が y となります．

$$s = w_1 x_1 + w_2 x_2 + b$$
$$y = f(s) \tag{2.1}$$

なお，活性化関数には，ステップ関数，シグモイド関数，ハイパボリックタンジェント（双曲線正接，tanh）関数，ReLU 関数がよく使われます．それぞれの活性化関数をグラフに示すと**図 2.3** となります．

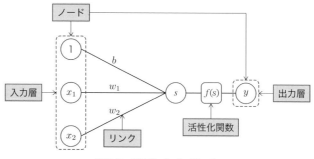

図2.2　（単純）パーセプトロン

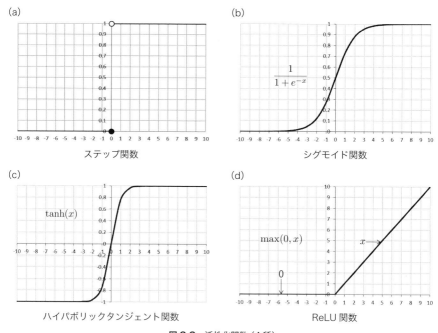

図2.3　活性化関数（4種）

　図2.2 は TensorFlow で設定する必要がある活性化関数を明示的に示す図となっています．一般的には**図2.4**（a）のように活性化関数があるのに書かなかったり，図2.4（b）のように活性化関数をノードに含めて表したりします．

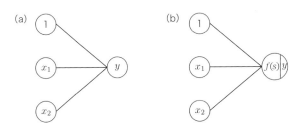

図 2.4 活性化関数の表し方

　パーセプトロンやニューラルネットワーク，その発展版である深層学習は，与えられた入出力関係がうまく表せるように重みやバイアスを決める問題となります．

　図 2.2 のパーセプトロンの例題として，論理演算子の OR を扱います．ここでは簡単のため，入力は 0 と 1 のどちらかとします．2 つの入力を持つ OR は**表2.1** に示すように両方の入力が 0 の場合 0 を出力し，どちらか一方もしくは両方の入力が 1 のときは 1 を出力します．さらに問題を簡単にするため，ある重みを決めて式 (2.1) に従って計算した結果が 0 以下ならば 0，0 より大きければ 1 とするように活性化関数としてステップ関数を用います．

　例えば，重みをそれぞれ $w_1 = 2$，$w_2 = 2$，$b = -1$ と決めます．この場合，表 2.1 のように s が計算され，ステップ関数により y を得ます．この表から，出力（OR の答え）と判定が一致していることがわかります．つまり，パーセプトロンで OR を表現できています．

表 2.1　論理演算子 OR の入出力関係とパーセプトロンの計算結果

入力		出力		
x_2	x_1	OR	s	y
0	0	0	-1	0
0	1	1	1	1
1	0	1	1	1
1	1	1	1	1

　ほかにも，$w_1 = 0.7$，$w_2 = 1.2$，$b = 0$ としても成り立ちます．つまり重みは一意には決まりません．この重みを決めることが深層学習の難しい問題となるのですが，深層学習用のフレームワークを使えば自動的に求めることができます．

　深層学習の第一歩として，パーセプトロンを多層にしたニューラルネットワー

クの例を**図 2.5**に示します．図 2.2 との違いは「中間層」（隠れ層ともいいます）が入力と出力の間に入った点です．この中間層の出力は，まず式 (2.2) に示すように入力に重みを掛けて足し合わせたものを計算し，その計算結果に活性化関数を適用して求めます．

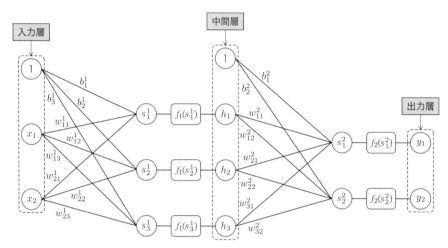

図 2.5 パーセプトロンを多層にしたニューラルネットワーク

$$h_1 = f_1(s_1^1) \quad s_1^1 = w_{11}^1 x_1 + w_{21}^1 x_2 + b_1^1$$
$$h_2 = f_1(s_2^1) \quad s_2^1 = w_{12}^1 x_1 + w_{22}^1 x_2 + b_2^1$$
$$h_3 = f_1(s_3^1) \quad s_3^1 = w_{13}^1 x_1 + w_{23}^1 x_2 + b_3^1 \tag{2.2}$$
$$y_1 = f_2(s_1^2) \quad s_1^2 = w_{11}^2 h_1 + w_{21}^2 h_2 + w_{31}^2 h_3 + b_1^2$$
$$y_2 = f_2(s_2^2) \quad s_2^2 = w_{12}^2 h_1 + w_{22}^2 h_2 + w_{32}^2 h_3 + b_2^2$$

　例えば，$w_{11}^1 = 1$，$w_{21}^1 = 1$，$b_1^1 = 1$，$x_1 = 0$，$x_2 = 1$としたとき，$s_1^1 = 1 \times 0 + 1 \times 1 + 1 = 2$となります．ステップ関数を用いたときは$h_1 = 1$，ReLU 関数を用いたときには$h_1 = 2$，シグモイド関数を用いたときには$h_1 = 1/(1 + e^{-2}) = 0.880\cdots$となります．

2.3 TensorFlow でニューラルネットワーク

できるようになること ニューラルネットワークの原理を知り，TensorFlow で解く

使用プログラム or.py, or_load.py

TensorFlow は深層学習のためのフレームワークですが，図 2.2 や図 2.5 に示したようなニューラルネットワークを作ることもできます．ここでは，図 2.5 に示した 3 層のニューラルネットワークを対象として，2.2 節に示した論理演算子 OR を学習するプログラムを TensorFlow で作ります．

TensorFlow で OR を学習するプログラムを**リスト 2.1** に示します．このプログラムを通じて TensorFlow を使うための仕組みを説明します．これを基にして以降のプログラムを作っていきますので，しっかり理解しておくことが重要です．

リスト 2.1 TensorFlow で OR を学習するプログラム：or.py

```
 1  import tensorflow as tf
 2  from tensorflow import keras
 3  import numpy as np
 4  import os
 5
 6  def main():
 7    #データの作成
 8    input_data = np.array(([0, 0], [0, 1], [1, 0], [1, 1]), dtype=np.float32)  #
    入力用データ
 9    label_data = np.array([0, 1, 1, 1], dtype=np.int32)  #ラベル（教師データ）
10    train_data, train_label = input_data, label_data       #訓練データ
11    validation_data, validation_label = input_data, label_data  #検証データ
12    #ニューラルネットワークの登録
13    model = keras.Sequential(
14      [
15        keras.layers.Dense(3, activation='relu'),
16        keras.layers.Dense(2, activation='softmax'),
17      ]
18    )
19    #学習のためのmodelの設定
20    model.compile(
21      optimizer='adam', loss='sparse_categorical_crossentropy',
    metrics=['accuracy']
22    )
```

```
23   #学習の実行
24   model.fit(
25     x = train_data,
26     y = train_label,
27     epochs=1000,
28     batch_size=8,
29     validation_data=(validation_data, validation_label),
30   )
31   model.save(os.path.join('result', 'outmodel'))  #モデルの保存
32
33 if __name__ == '__main__':
34   main()
```

詳しくは後で説明しますが，まずは実行してみましょう．or.py があるディレクトリで，次のコマンドを実行します．

　　実行：python（Windows），python3（Linux, Mac, RasPi）

```
$ python or.py
```

実行後は**ターミナル出力 2.1** のように表示されます．Epoch 1/1000 は 1000 エポック（学習の繰り返しの回数）中の 1 回目ということを表しています．そして，0s 131ms/step はそれぞれのエポックでの学習時間，loss と accuracy は学習データの誤差と精度，val_loss と val_accuracy は検証データの誤差と精度を表しています．最初は精度（accuracy）が 0.25，つまり 1/4 の正答率でしたが，途中で 75％の正答率に上がり，最終的には 100％になっています．そして，各エポックでの学習にかかった時間は約 23 ミリ秒で，合計で 20 秒ちょっと（1000 エポック分）かかったことがわかります．

ターミナル出力 2.1　or.py の実行結果

```
Epoch 1/1000
1/1 [==============================] - 0s 131ms/step - loss: 0.7073 - accuracy:
0.2500 - val_loss: 0.7055 - val_accuracy: 0.2500
Epoch 2/1000
1/1 [==============================] - 0s 25ms/step - loss: 0.7055 - accuracy:
0.2500 - val_loss: 0.7036 - val_accuracy: 0.2500
```

```
Epoch 3/1000
1/1 [==============================] - 0s 26ms/step - loss: 0.7036 - accuracy:
0.2500 - val_loss: 0.7018 - val_accuracy: 0.2500
 (中略)
Epoch 500/1000
1/1 [==============================] - 0s 22ms/step - loss: 0.3416 - accuracy:
0.7500 - val_loss: 0.3411 - val_accuracy: 0.7500
Epoch 501/1000
1/1 [==============================] - 0s 25ms/step - loss: 0.3411 - accuracy:
0.7500 - val_loss: 0.3407 - val_accuracy: 0.7500
 (中略)
Epoch 999/1000
1/1 [==============================] - 0s 37ms/step - loss: 0.1734 - accuracy:
1.0000 - val_loss: 0.1732 - val_accuracy: 1.0000
Epoch 1000/1000
1/1 [==============================] - 0s 23ms/step - loss: 0.1732 - accuracy:
1.0000 - val_loss: 0.1730 - val_accuracy: 1.0000
```

　学習結果は実行するたびに変わりますので，1000 回のエポックで 100％の精度にならない場合があります．深層学習では，通常，繰り返し学習が行われます．学習データを 1 回だけ使うのではなく，何度も繰り返して用います．この繰り返し回数をエポック数と呼びます．100％の精度にならない場合は，再度実行するか，後述するプログラム内のエポック数を大きくして実行し直してください．

2.3.1　TensorFlow とニューラルネットワークの対応

　ニューラルネットワークは図 2.5 で示されますが，TensorFlow では結果をどのように評価するのかを設定する必要があります．そのため，**図 2.6** のように学習する部分を明示的に示したほうが理解しやすくなります．また，OR の答えは 0 と 1 なので，出力ノードとなる y は 1 つでよいように思うかもしれません．しかし，ニューラルネットワークでは答えが 0 の場合に s_1^2 が大きくなり，答えが 1 の場合は s_2^2 が大きくなるように設定したほうがうまくいきます．そして，どちらが大きいかを出力するためのソフトマックスという部分を通して答えを出力します．

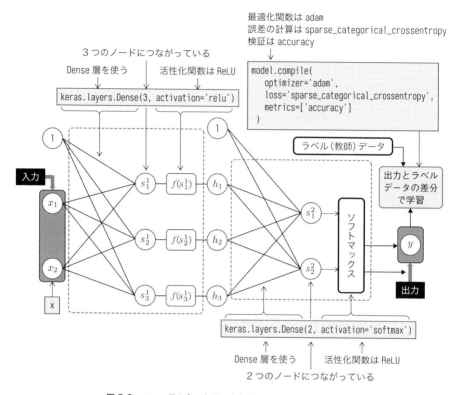

図2.6 ニューラルネットワークと TensorFlow の関数の関係

◉ 2.3.2 データの作成

それではリスト2.1に示したプログラムの説明を行っていきます．まずはデータの作成です．

データの作成は8〜11行目で行っています．入力データ，ラベルデータは NumPy という（特に多次元配列を扱う）数値計算ライブラリを利用して作成します．今回の例では訓練データと検証データは同じものを用いていますが，実際の問題では大量のデータがありますので，そのうちの一部（8割から9割程度）を訓練データに，残りを検証データに振り分けます．このようにデータを振り分ける方法については2.5節に示します．

ここで，入力データ，出力データ，ラベルデータ，訓練データ，検証データ，テストデータの関係について**図2.7**に示します．入力データに対する答えがラベ

ルデータ（教師データともいいます）であり，1対1の対応関係があります．入力データをネットワークによる処理によって出力されたデータが出力データ（出力結果，推論結果ともいいます）です．このデータのうちの一部を訓練データとして用います．訓練データとは設定したネットワークを学習するためのデータです．そして，残りのデータを検証データとして用います．

検証データは，学習したネットワークの良し悪しを，訓練に使わなかったデータを用いて調べるためのデータです．これは必ずしも必要ではありません．そして，訓練データと検証データを合わせて学習データと呼ぶこととします．

また，テストデータ（この後で説明します）は訓練や検証に使わなかったデータでネットワークの学習が終了した後に実際に深層学習を使うときのデータです．これにはラベルデータは必要ありません．

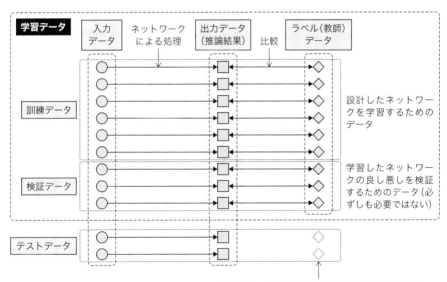

図 2.7 入力データ，出力データ，ラベルデータ，訓練データ，検証データ，テストデータの関係

◖ 2.3.3 ネットワークの設定

次に，ニューラルネットワークの構造を設定する部分の説明を図 2.6 と対応させながら行います．これは 13～18 行目に示す model = keras.Sequential の中で

設定しています．具体的には，どのようなネットワークを使い，いくつのノードを用いて，どの活性化関数を使うかを設定します．

　まず，15 行目は Dense 層（全結合層）を使う設定です．そして引数で，3 つのノードにつながり，それを活性化関数 ReLU で処理することを設定します．

```
15  keras.layers.Dense(3, activation='relu')
```

次の 16 行目も Dense 層を使う設定です．そして引数で，2 つのノードにつながり，それを活性化関数 Softmax で処理することを設定します．

```
16  keras.layers.Dense(2, activation='softmax')
```

このように順番に書くだけでネットワークのつながりを設定することができます．

◯ 2.3.4　学習のための設定

　設定したネットワークの学習に関する設定を行います．これは model.compile 関数で行います．最もよい学習の方法というものはなく，問題に合わせて設定するものとなっています．

　設定するのは，最適化アルゴリズム（optimizer），損失関数（loss），検証方法（metrics）の 3 点です．

```
20  model.compile(
21      optimizer='adam', loss='sparse_categorical_crossentropy',
    metrics=['accuracy']
22  )
```

1.　最適化アルゴリズム（optimizer）

　optimizer で設定している部分です．これにより，教師データと計算した結果の誤差をどのアルゴリズムを用いて学習するのかを決めます．TensorFlow で設定できる最適化アルゴリズムの一部を**表 2.2** にまとめます．詳しくは TensorFlow のホームページ[注4] を参考にしてください．

注 4　https://www.tensorflow.org/api_docs/python/tf/keras/optimizers

表 2.2 最適化関数あれこれ

関数名	意味
Adam	最もよく利用されている最適化関数で，モーメンタムと RMSprop の双方の機能を備えた最適化関数です．
SGD （確率的 勾配降下法）	シンプルな勾配降下法は，目的（損失）関数を最小化するため，損失値の傾きの大きさに応じてパラメータを更新します．SGD は，更新 1 回につきランダムに選んだ 1 つのデータで更新を行うようにしたものです．このとき，なかなか最小値にならず振動することがあります．そこで，傾きの移動平均を用いることで振動を抑える仕組み（これをモーメンタムといいます）といっしょに使います．
Adagrad	すべてのパラメータ更新で学習率を同じにするのではなく，まれなパラメータの更新を大きくするなど，データの特徴に応じて学習率を調整する仕組みをもった最適化アルゴリズムです．
RMSprop	SGD では損失の傾きの大きさに応じてパラメータが更新されますが，最小値に落ち着かず最小値付近で振動することがあります．RMSprop は，傾きの大きさに応じて学習率を調整する最適化アルゴリズムです．

2. 損失関数（loss）

loss で設定している部分です．図 2.6 に示すように，学習するときにはラベルデータとネットワークで出力された出力の差分を用います．この差分を求めるための関数が損失関数です．TensorFlow で設定できる損失関数の一部を**表 2.3** にまとめます．詳しくは TensorFlow のホームページ[注5]を参考にしてください．

表 2.3 損失関数あれこれ

関数名	意味
SparseCategorical Crossentropy	2 以上のクラス分類を行う際に用いる，ニューラルネットワークによる推論クラスと正解クラスの交差エントロピーを計算する損失関数です．
BinaryCrossentropy	2 つのクラス分類を行う際に用いる，ニューラルネットワークによる推論クラスと正解クラスの交差エントロピーを計算する損失関数です．
MeanAbsoluteError	回帰モデルなどで，ニューラルネットワークによる推論値と正解値の平均絶対誤差を計算する損失関数です．
MeanSquaredError	ニューラルネットワークによる推論値と正解値の平均二乗誤差を計算する損失関数です．
KLDivergence	Kullback-Leibler divergence（カルバック・ライブラ情報量）のことで，とある 2 つの（確率）分布間の距離を損失として利用する際に用います．2 つの分布が同じであるとき，この損失値は 0 になります．

注 5 https://www.tensorflow.org/api_docs/python/tf/keras/losses

3.　評価尺度（metrics）

metricsで設定している部分です．学習がうまくできているかどうかを調べる（これを「モデルの性能を測る」といいます）ために使う項目です．これは，評価をするだけで学習には利用しません．評価尺度はカンマで区切ることで複数設定することができます．TensorFlowで設定できる評価尺度の一部を**表2.4**にまとめます．詳しくはTensorFlowのホームページ注6を参考にしてください．

表2.4　評価尺度あれこれ

関数名	意味
Accuracy	クラス分類において，ニューラルネットワークが推測したクラスと正解クラスとの一致率です．
MeanAbsoluteError	ニューラルネットワークによる推定値と正解値の平均絶対誤差です．回帰問題などでよく使う評価尺度です．
MeanSquaredError	ニューラルネットワークによる推定値と正解値の平均二乗誤差です．
Recall	クラス分類において，クラスごとの再現率（クラスAとして推論された数／クラスAの真の数）を計算します．Accuracyはすべてのクラスに対する一致率であるため，クラスの分布に偏りがあると正確な評価ができません．そのため，RecallやPrecisionを使うことがあります．
Precision	クラス分類において，クラスごとの適合率（クラスAとして推論されたもののうち本当にクラスAだった数／クラスAとして推論された数）を計算します．

◉ 2.3.5　学習の実行

学習の実行はmodel.fit関数で行います．

- x = train_data：訓練データの入力データ
- y = train_label：訓練データのラベルデータ
- epochs=1000：エポック数
- batch_size=8：バッチサイズ
- validation_data=(validation_data, validation_label)：検証データの設定

エポック数とは学習の回数に相当する値です．バッチサイズとは学習頻度の設定に相当する値です．深層学習では，一般的に，ミニバッチ学習という手法がと

注6　https://www.tensorflow.org/api_docs/python/tf/keras/metrics

られます．これは訓練データをいくつかのサイズに分割しておき，その分割された少量のサンプルを用いてニューラルネットワークのパラメータを更新していきます[注7]．

　バッチサイズを大きくすると学習が高速になりますが，大きすぎるとパラメータが最適解に収束しにくくなる傾向があります．また，小さすぎても同様のことが起きる場合が多くあります．このバッチサイズは扱うデータによって適切に設定する必要がありますが，これは学習過程の誤差値を見ながら試行錯誤で決めるのが一般的です．

◉ 2.3.6　学習済みモデルの保存

　学習済みモデルを保存するには model.save 関数を用います．これにより，学習したネットワークをほかのプログラムで使ってテストすることができます．引数はディレクトリ名です[注8]．学習済みモデルのディレクトリには，リンクの重みなどいろいろな変数が保存されます．この例の場合，result ディレクトリの下に outmodel ディレクトリが生成されます．

◉ 2.3.7　学習済みモデルの読み込み

　保存された学習済みモデルを使うことで，学習済みモデルを使ったテストをしてみましょう．result ディレクトリのある**リスト 2.2** に示すプログラムを実行すると，**ターミナル出力 2.2** が表示されます．

リスト 2.2　学習済みモデルを用いる方法：or_load.py

```
 1  import tensorflow as tf
 2  from tensorflow import keras
 3  import numpy as np
 4  import os
 5
 6  def main():
 7      #データの作成
 8      test_data = np.array(([0, 0], [0, 1], [1, 0], [1, 1]), dtype=np.float32)  #
        入力用データ
```

注7　ミニバッチサイズが1の場合をオンライン学習，ミニバッチサイズが訓練データの全サンプル数と同じ場合バッチ学習と呼びます．
注8　OS の種類によってディレクトリの設定方法が異なるため，os.path.joint 関数を用いています．

```
 9    #ニューラルネットワークの登録
10    model = keras.models.load_model(os.path.join('result', 'outmodel'))
11    #学習結果の評価
12    predictions = model.predict(test_data)
13    print(predictions)
14    for i, prediction in enumerate(predictions):
15      result = np.argmax(prediction)
16      print(f'input: {test_data[i]}, result: {result}')
17
18  if __name__ == '__main__':
19    main()
```

ターミナル出力 2.2　or_load.py の実行結果

```
[[0.5085407  0.49145922]
 [0.18272994 0.81727   ]
 [0.04682181 0.9531782 ]
 [0.01050026 0.98949975]]
input: [0. 0.], result: 0
input: [0. 1.], result: 1
input: [1. 0.], result: 1
input: [1. 1.], result: 1
```

　プログラムの説明を行います.

　リスト 2.1 ではネットワークの設定をしましたが, モデルに含まれているため設定する必要はありません. 学習済みモデルは 10 行目で読み込んでいます.

　12 行目の model.predict 関数でテストデータを入れたときの出力（図 2.6 の s^2 の部分）を出力します. その出力結果がターミナル出力 2.2 の最初から 4 行です.

　14 行目でそれぞれの結果に対してどのノードが最も大きい値かを調べています. 例えば, ターミナル出力 2.2 の 1 行目に着目すると [0.5085407 0.49145922] となっていて, 0 番目[注9]（0.5085407）のほうが 1 番目（0.49145922）よりも大きくなっています. そのため, 5 行目で result が 0 となります. 2～4 行目はどれも 1 番目のほうが大きいため, result が 1 となっています.

注9　0 から数え始めます.

2.4　ほかのニューラルネットワークへ対応

できるようになること 構造の違うニューラルネットワークを知り，TensorFlow で解く

使用プログラム or2.py, or5.py, count.py

2.4.1　パーセプトロン

リスト 2.1 に示したプログラムは，図 2.6 に示すように中間層が 1 層で 3 つの
ノードからなるニューラルネットワークを対象としました．ここでは，ニューラ
ルネットワークの構造を変更する方法と入出力関係を変える方法を示します．

まず，図 2.2 に示す中間層がないニューラルネットワーク（パーセプトロン）へ
の変更はリスト 2.1 の keras.Sequential 関数を**リスト 2.3** のように変更すること
で対応できます．なお，出力は TensorFlow の流儀に合わせて 2 つにしています．

リスト 2.3　パーセプトロンの設定：or2.py の一部

```
1    model = keras.Sequential(
2      [
3        keras.layers.Dense(2, activation='softmax'),
4      ]
5    )
```

2.4.2　5 層のニューラルネットワーク（深層学習）

次に，**図 2.8** に示すように 3 つの中間層を持ち，左からノード数が 6，3，5 と
なるニューラルネットワークに変更します．これは keras.Sequential 関数を**リ
スト 2.4** に変えることで実現できます．なお，図を簡単にするために図 2.4 (a) の
ように活性化関数の部分を省略して表示します．

一般的に，ディープニューラルネットワークは，中間層を 2 層以上（3 層以上
とする説明もあります）にしたニューラルネットワークを指します．この定義か
らすると図 2.8 は深層学習になっています．ただし，これは設定の方法をわかり
やすくするために設定した中間層の数ですので，この中間層の設定がよい値とい
うわけではありません．

中間層の決め方にルールはありませんが，多数の中間層を使う場合は中間層の
ノード数はすべて同じにすることが多いです．また，入力の 1 割増し程度の中間
層のノード数にしていることがよく見られます．

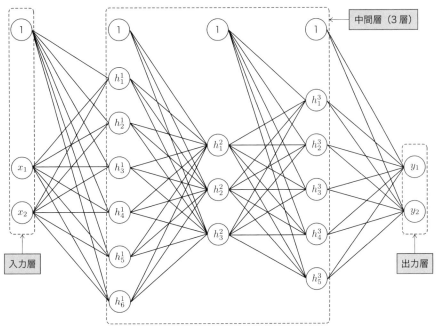

図 2.8 5層ニューラルネットワーク（ディープニューラルネットワーク）

リスト 2.4 5層ニューラルネットワークの設定：or5.py の一部

```
1  model = keras.Sequential(
2    [
3      keras.layers.Dense(6, activation='relu'),
4      keras.layers.Dense(3, activation='relu'),
5      keras.layers.Dense(5, activation='relu'),
6      keras.layers.Dense(2, activation='softmax'),
7    ]
8  )
```

🎮 2.4.3 入力中の 1 の数を数える

OR とは異なる入出力関係を持つ例題を考えてみましょう．ここでは，**表2.5** の関係を作るものを考えます．これは入力の中にある 1 の数を出力するものです．

リスト 2.1 からの変更点を**リスト 2.5** に示します．label_data の値が 0 から 3 までとなっていて（3行目），ネットワークの構成の出力が 4 となっていることがわかります（11行目）．

表 2.5　1 の個数を答える問題

x_3	x_2	x_1	y
0	0	0	0
0	0	1	1
0	1	0	1
0	1	1	2
1	0	0	1
1	0	1	2
1	1	0	2
1	1	1	3

リスト 2.5　1 の個数を答える問題の設定：count.py の一部

```
1    #データの作成
2    input_data = np.array(([0, 0, 0], [0, 0, 1], [0, 1, 0], [0, 1, 1], [1, 0,
     0], [1, 0, 1], [1, 1, 0], [1, 1, 1]), dtype=np.float32)  #入力用データ
3    label_data = np.array([0, 1, 1, 2, 1, 2, 2, 3], dtype=np.int32)  #ラベル（教
     師データ）
4    train_data, train_label = input_data, label_data   #訓練データ
5    validation_data, validation_label = input_data, label_data   #検証データ
6    #ニューラルネットワークの登録
7    model = keras.Sequential(
8      [
9        keras.layers.Dense(6, activation='relu'),
10       keras.layers.Dense(6, activation='relu'),
11       keras.layers.Dense(4, activation='softmax'),
12     ]
13   )
```

2.5　ディープニューラルネットワークによる 手書き数字認識

できるようになること　手書き数字の認識を通じて複雑なニューラルネットワークを扱う

使用プログラム　MNIST_DNN.py, disp_number.py

　深層学習でよく扱われる問題の 1 つに手書き数字の認識問題があります．その データセットの 1 つとして MNIST があります．本節では**図 2.9** に示す手書き数 字をディープニューラルネットワークを使って分類します．手書き数字の認識は

画像処理に強い畳み込みニューラルネットワークの得意分野です.

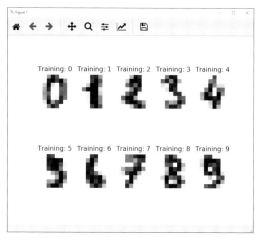

図2.9 手書き数字の一部（見やすくするために反転して表示）

まずは今まで説明したディープニューラルネットワークを使って手書き数字の認識について学び，それを基に2.6節で畳み込みニューラルネットワークを学ぶこととします．最も簡単なニューラルネットワークの構造を理解していれば，難しそうに見える手書き数字の分類もできてしまいます．

🖸 2.5.1 手書き数字の入力形式

一般に手書き数字の認識問題では28 × 28ピクセルからなる画像を使いますが，ここでは説明をわかりやすくするため，Python用のオープンソース機械学習ライブラリである scikit-learn で使われている手書き数字データを使うこととします．

今回使用する手書き数字は8 × 8ピクセルで，グレースケールの階調が17段階[注10]に設定されているものを使います．データ数は1797個です．この手書き数字のデータ形式については2.5.3項にまとめたので参考にしてください．

ディープニューラルネットワークで手書き数字を認識するには**図2.10**に示す手順で行います．この図では，0を白，16を黒として階調に従った色を付けています[注11]．ディープニューラルネットワークでは，画像を横方向に分割して1列に

注10 通常，グレースケール画像では16や256段階ですが，scikit-learnのデータセットでは17段階となっています．

注11 本来は0が黒，16が白ですが，本書では見やすさを重視し，反転させています．

並べ，それをニューラルネットワークの入力として用います．ここでは0~9の10個の数字に分類するため，出力ノードは10個となります．

なお，今回使う数字画像のデータは画素が横1列に並んでいるので，分割について考慮する必要はありません．

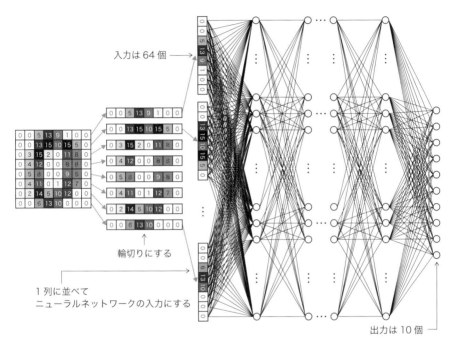

入力は 64 個 ⟶

輪切りにする

1列に並べて
ニューラルネットワークの入力にする

出力は 10 個

図 2.10 ディープニューラルネットワークの構造

手書き数字をディープニューラルネットワークで分類するためのプログラムを**リスト 2.6** に示します．

リスト 2.6 手書き数字の判別：MNIST_DNN.py

```
1  import tensorflow as tf
2  from tensorflow import keras
3  import numpy as np
4  import os
5  from sklearn.datasets import load_digits
6  from sklearn.model_selection import train_test_split
7
```

```
 8  def main():
 9    #データの作成
10    digits = load_digits()
11    train_data, validation_data, train_label, validation_label = train_test_
   split(digits.data,digits.target, test_size=0.2)
12    #ニューラルネットワークの登録
13    model = keras.Sequential(
14      [
15        keras.layers.Dense(100, activation='relu'),
16        keras.layers.Dense(100, activation='relu'),
17        keras.layers.Dense(10, activation='softmax'),
18      ]
19    )
20    #学習のためのmodelの設定
21    model.compile(
22      optimizer='adam', loss='sparse_categorical_crossentropy',
   metrics=['accuracy']
23    )
24    #学習の実行
25    model.fit(
26      x = train_data,
27      y = train_label,
28      epochs=20,
29      batch_size=100,
30      validation_data=(validation_data, validation_label),
31    )
32    model.save(os.path.join('result', 'outmodel'))  #モデルの保存
33
34  if __name__ == '__main__':
35    main()
```

　リスト 2.1 との違いは，scikit-learn を使うためのライブラリのインポート，
ニューラルネットワークの構造の違い，学習データの作成方法の違い，エポック
数とバッチサイズです．Linux，Mac，RasPi の場合は次のコマンドで 2 つのライ
ブラリをインストールする必要があります．Windows + Anaconda の場合は必
要ありません．

```
$ sudo pip3 install matplotlib
$ sudo pip3 install scikit-learn
```

◉ 2.5.2　ディープニューラルネットワークの構造

プログラムの実行は次のコマンドで行います.

実行：python（Windows），python3（Linux，Mac，RasPi）

```
$ python MNIST_DNN.py
```

実行結果を**ターミナル出力 2.3** に示します．訓練データの認識率がはじめは 38.55％でしたが，学習終了時は 99.93％まで上昇していることがわかります.

ターミナル出力 2.3　MNIST_DNN.py の実行結果

```
Epoch 1/20
15/15 [==============================] - 0s 8ms/step - loss: 2.4527 - accuracy:
0.3855 - val_loss: 1.0715 - val_accuracy: 0.6472
Epoch 2/20
15/15 [==============================] - 0s 2ms/step - loss: 0.6565 - accuracy:
0.7905 - val_loss: 0.4714 - val_accuracy: 0.8472
 （中略）
Epoch 19/20
15/15 [==============================] - 0s 2ms/step - loss: 0.0135 - accuracy:
0.9986 - val_loss: 0.0860 - val_accuracy: 0.9778
Epoch 20/20
15/15 [==============================] - 0s 2ms/step - loss: 0.0127 - accuracy:
0.9993 - val_loss: 0.0858 - val_accuracy: 0.9806
```

リスト 2.6 のプログラムについて，リスト 2.1 と異なる部分だけ説明します.

まず，5，6 行目で手書き数字のデータを得るためとそのデータを整理するために 2 つのライブラリを読み込んでいます.

次に，10，11 行目のデータを入力する部分では，まず手書き数字のデータを読み込み，それを digits に代入しています．2.3 節では訓練データと検証データが同じでしたが，本節では，手書き数字データのうち 20％を検証データ，残り（80％）を訓練データにするように 11 行目で分割しています.

そして，13〜19 行目のニューラルネットワークの構造を設定している部分が異なります．ここでは中間層を 2 層とし，それらのノード数を 100 としました．この 100 の決め方にルールはなく，筆者らの経験によるうまくいきそうな値として

います．そして，10 個の数字の分類なので，出力数を 10 としています．活性化
関数には ReLU 関数を用いました．

　より解像度の高い手書き数字のデータ（MNIST）を使う方法は 5.1.3 項を参考に
してください．

2.5.3　8 × 8 の手書き数字データ

　scikit-learn の手書き数字のデータ形式などについて説明を加えます．図 2.9 は
リスト 2.7 のスクリプトを実行することで表示できます．

リスト 2.7　手書き数字の表示：disp_number.py

```
 1  from sklearn.datasets import load_digits
 2  import matplotlib.pyplot as plt
 3  digits = load_digits()
 4  images_and_labels = list(zip(digits.images, digits.target))
 5  for index, (image, label) in enumerate(images_and_labels[:10]):
 6      plt.subplot(2, 5, index + 1)
 7      plt.imshow(image, cmap=plt.cm.gray_r, interpolation='nearest')
 8      plt.axis('off')
 9      plt.title('Training: %i' % label)
10  plt.show()
11
12  print(digits.data)
13  print(digits.target)
14  print(digits.data.shape)
15  print(digits.data[0])
16  print(digits.data.reshape((len(digits.data), 8, 8))[0])   #表示用
```

　このデータの形式を説明します．

　q キーを押して図 2.9 のウインドウを閉じた後，**ターミナル出力 2.4** のように
表示されます．1〜7 行目の括弧でくくられた部分が digits.data の表示結果で，
1797 個の画像データを表しています．データが長いので省略した形で表されてい
ますが，例えば 1 行目は図 2.9 の左上の 0 という文字の画像情報です．実際には
各文字は 64 個の数字で構成されています．

ターミナル出力 2.4　disp_number.py の実行結果（図2.9 を閉じた後に表示）

```
[[ 0.  0.  5. ...  0.  0.  0.]
 [ 0.  0.  0. ... 10.  0.  0.]
 [ 0.  0.  0. ... 16.  9.  0.]
 ...
 [ 0.  0.  1. ...  6.  0.  0.]
 [ 0.  0.  2. ... 12.  0.  0.]
 [ 0.  0. 10. ... 12.  1.  0.]]
[0 1 2 ... 8 9 8]
(1797, 64)
[ 0.  0.  5. 13.  9.  1.  0.  0.  0.  0. 13. 15. 10. 15.  5.  0.  0.  3.
 15.  2.  0. 11.  8.  0.  0.  4. 12.  0.  0.  8.  8.  0.  0.  5.  8.  0.
  0.  9.  8.  0.  0.  4. 11.  0.  1. 12.  7.  0.  0.  2. 14.  5. 10. 12.
  0.  0.  0.  0.  6. 13. 10.  0.  0.  0.]
[[[ 0.  0.  5. 13.  9.  1.  0.  0.]
  [ 0.  0. 13. 15. 10. 15.  5.  0.]
  [ 0.  3. 15.  2.  0. 11.  8.  0.]
  [ 0.  4. 12.  0.  0.  8.  8.  0.]
  [ 0.  5.  8.  0.  0.  9.  8.  0.]
  [ 0.  4. 11.  0.  1. 12.  7.  0.]
  [ 0.  2. 14.  5. 10. 12.  0.  0.]
  [ 0.  0.  6. 13. 10.  0.  0.  0.]]]
```

　8行目の括弧でくくられた部分が digits.target の表示結果で，各画像データのラベルを表しています．つまり，1つ目のデータは0，2つ目のデータは1と続き，最後のデータは8を表していることが書かれています．これが教師データとなります．

　9行目はデータ数と各データの長さを表しています．scikit-learn では1797個の文字データがあり，各データの長さは64であることがわかります．

　10〜13行目は digits.data[0] の表示結果で，64個のデータが横1列に並んでいます．これは8×8の画像の各画素の色の濃度を17段階で示したものです．実際，8×8のマス目を描いて，それぞれのマスの色をグレースケール17段階で塗れば**図 2.11** のようになります．図 2.10 と同様に見やすくするために0を白，16を黒として反転させたグレースケールとしています．

　ターミナル出力 2.4 の14〜21行目は digits.data.reshape((len(digits.data), 8, 8))[0] の表示結果です．このようにすることで，8×8に整形したデータとすることができます．次に示す畳み込みニューラルネットワークには，画像を8×

8 × 1 に変形した後に入力します.

図2.11 scikit-learn の手書き数字の 0

2.6 畳み込みニューラルネットワークによる 手書き数字認識

できるようになること 畳み込みニューラルネットワークへの拡張

使用プログラム MNIST_CNN.py, MNIST_CNN_file.py

ディープニューラルネットワークと同じ問題を,画像処理に強い深層学習の手法である畳み込みニューラルネットワークを用いて学習します.

リスト2.6に示したディープニューラルネットワークとの違いは,ニューラルネットワークの構造の違いと学習データの作成方法の違いの2点のみです.プログラムの作成方法は簡単なのですが,深層強化学習に畳み込みニューラルネットワークを組み込むことを考えると,畳み込みニューラルネットワークの原理を知って,画像サイズがどのように変わるかを知っておく必要があります.

ただし,すべて読まなくてもわかるように,画像サイズの変更の式を次に載せておきます.説明していない言葉がいくつか出てきますが,以降で説明します.ここでは簡単のため,入力画像や畳み込みフィルタ,プーリングフィルタは縦横のサイズが同じであると仮定します.

$$O = \left(\frac{W + 2P - FW}{S} + 1 \right) \times \frac{1}{PW}$$

ここで,各記号の意味は次の通りです.

- O　：出力画像サイズ
- W　：入力画像サイズ
- P　：パディングサイズ
- FW：畳み込みフィルタサイズ
- S　：ストライドサイズ
- PW：プーリングフィルタサイズ

　まずは，畳み込みニューラルネットワークの原理を図 2.10 と同様に示すと**図 2.12** となります．

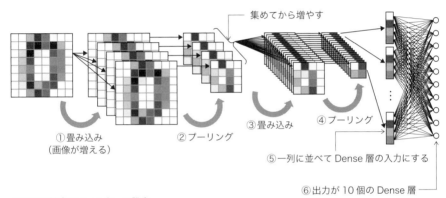

この図の場合のフィルターの設定

```
① keras.layers.Conv2D(4, 3, padding='same', activation='relu'),
② keras.layers.MaxPool2D(pool_size=(2, 2)),
③ keras.layers.Conv2D(16, 3, padding='same', activation='relu'),
④ keras.layers.MaxPool2D(pool_size=(2, 2)),
⑤ keras.layers.Flatten(),
⑥ keras.layers.Dense(10, activation='softmax'),
```

図 2.12　畳み込みニューラルネットワークの原理

　ディープニューラルネットワークでは画像を輪切りにしていましたが，畳み込みニューラルネットワークでは画像の枚数を増やしたり（畳み込み），画像を縮小したり（プーリング）を繰り返しています．これは，画像では上下左右のような近傍の情報が重要であるため，ぶつ切りにせずに画像の情報を保ったまま処理する方法を採用しているからです．そして最後は通常のディープニューラルネットワークと同様のニューラルネットワークで判定を行います．この図の中の「畳み込み」と「プーリング」が畳み込みニューラルネットワークのポイントとなります．

まずは実行してみましょう．MNIST_CNN.py があるディレクトリで次のコマンドを実行します．

実行：python（Windows），python3（Linux，Mac，RasPi）

```
$ python MNIST_CNN.py
```

実行結果は**ターミナル出力 2.5** のようになります．学習データの認識率がはじめは 20.95％でしたが，学習終了時は 100％まで上昇していることがわかります．

ターミナル出力 2.5 MNIST_CNN.py の実行結果

```
Epoch 1/20
15/15 [==============================] - 0s 11ms/step - loss: 2.4750 - accuracy:
0.2095 - val_loss: 1.6167 - val_accuracy: 0.5111
Epoch 2/20
15/15 [==============================] - 0s 4ms/step - loss: 1.2117 - accuracy:
0.7404 - val_loss: 0.8476 - val_accuracy: 0.8556
 (中略)
Epoch 19/20
15/15 [==============================] - 0s 4ms/step - loss: 0.0194 - accuracy:
0.9986 - val_loss: 0.0668 - val_accuracy: 0.9806
Epoch 20/20
15/15 [==============================] - 0s 4ms/step - loss: 0.0178 - accuracy:
1.0000 - val_loss: 0.0647 - val_accuracy: 0.9806
```

畳み込みニューラルネットワークのほうがディープニューラルネットワークよりもよい結果が得られていることがわかります．なお，実行するたびに結果が変わりますので，ディープニューラルネットワークよりも低い認識率になることもあります．

◉ 2.6.1　畳み込み

畳み込みは図 2.12 に示したように，画像を増やすことを目的に使われる処理です．原理さえわかってしまえば，通常のニューラルネットワークと同様に四則演算だけで計算できます．ここで重要なことは，畳み込みによって画像サイズがどのように変わるかを知っておく点です．

まずは，畳み込みに使われるフィルタの役割について述べます．**図 2.13** を用

いて計算の仕方を順を追って説明します.

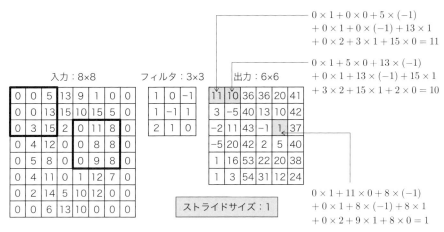

図 2.13 畳み込みフィルタの計算方法

入力データの左上の 3×3 の部分に対して 3×3 のフィルタを適用して計算することを考えます. これを畳み込みフィルタサイズ 3 と呼びます. この計算は図 2.13 に示す通り, 同じ部分は掛け合わせて, その結果の 9 個の数を足し合わせることを行います. 左上の結果は 11 となります. これを, 計算する部分を 1 つずつ動かして計算していきます. 右に 1 つ動かした場合の計算も図の中に示しています.

そして例えば, フィルタを上から 3 つ目, 左から 5 つ目の位置に動かした場合は, 図中の計算が行われて 1 が得られます. これを入力データ全域で計算していきます. なお, 図 2.13 の入力データは図 2.11 を用いています. よく見ると入力画像は 8×8 ですが, 出力画像は 6×6 となっていて, 出力画像が少しだけ小さくなっています.

図 2.13 の例では 1 つずつフィルタをずらしました. この処理をストライドと呼び, ずらし幅をストライドサイズと呼びます. 1 つずつずらす場合はストライドサイズは 1 です. ストライドサイズ 2 として 2 つずつフィルタをずらすと**図 2.14** のようになり, この場合, 出力画像はより小さくなります.

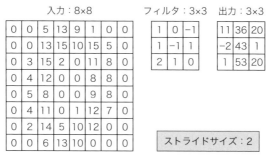

入力：8×8　　　　フィルタ：3×3　　出力：3×3

0	0	5	13	9	1	0	0
0	0	13	15	10	15	5	0
0	3	15	2	0	11	8	0
0	4	12	0	0	8	8	0
0	5	8	0	0	9	8	0
0	4	11	0	1	12	7	0
0	2	14	5	10	12	0	0
0	0	6	13	10	0	0	0

フィルタ：

1	0	-1
1	-1	1
2	1	0

出力：

11	36	20
-2	43	1
1	53	20

ストライズサイズ：2

図2.14 畳み込みフィルタの計算方法（ストライドサイズ2）

　図2.13に示したように，ストライドサイズ1の場合も畳み込みを行うと画像が少しだけ小さくなりますが，畳み込みフィルタを適用しても画像サイズは小さくしたくない場合もあります．例えば，入力画像が小さすぎる場合や，大きなサイズのフィルタを使いたい場合，畳み込み層を増やして深いネットワークを構築したい場合などです．

　畳み込み処理で画像を小さくしたくない場合には，**図2.15** のように周りを0で埋める前処理（パディング）を行います．フィルタサイズが3×3の場合，1重に0で埋めると計算後の画像サイズもそのままの大きさとなります．フィルタサイズが5×5の場合は，2重に0で埋めれば計算後の画像サイズをそのままの大きさにすることができます．このように0で埋めるサイズはパディングサイズと呼ばれています．なお，TensorFlowではパディングサイズを数値で設定するのではなく，パ

入力：8×8

0	0	0	0	0	0	0	0	0	0
0	0	0	5	13	9	1	0	0	0
0	0	0	13	15	10	15	5	0	0
0	0	3	15	2	0	11	8	0	0
0	0	4	12	0	0	8	8	0	0
0	0	5	8	0	0	9	8	0	0
0	0	4	11	0	1	12	7	0	0
0	0	2	14	5	10	12	0	0	0
0	0	0	6	13	10	0	0	0	0
0	0	0	0	0	0	0	0	0	0

フィルタ：3×3

1	0	-1
1	-1	1
2	1	0

出力：8×8

0	5	21	42	45	43	36	10
0	11	10	36	36	20	41	21
3	3	-5	40	13	10	42	29
1	-2	11	43	-1	1	37	32
1	-5	20	42	2	5	40	30
-1	1	16	53	22	20	38	15
-2	1	3	54	31	12	24	7
-2	-8	4	7	-4	20	12	0

周囲を0で埋める

パディングサイズ：1

図2.15 畳み込みフィルタの計算方法（パディングによりサイズ変更をしない場合）

ディングを「使わない（padding='valid' または指定しない）」か，それとも「同じ大きさになるように設定（padding='same'）」するかのどちらかを選ぶことになります。

　次に，画像を増やすために**図2.16**のように複数のフィルタを使います．ここで，フィルタの役割を補足しておきます．

　フィルタは，学習が進むにつれて画像内の特徴を抽出する役割を果たします．例えば，縦棒に反応するフィルタや横棒，斜め棒，マルに反応するフィルタなど，フィルタごとに役割を持つようになります．画像中の特徴をたくさん得るためには複数のフィルタが必要となるのです．図2.16の例ではフィルタを3つ使って画像が3つに分かれました．このフィルタの数のことをチャンネル数といいます．このように1つの画像に対していくつかのフィルタを使うことで画像を増やしています．

図 2.16　多数の畳み込みフィルタを用いて画像を増やす処理

　畳み込みニューラルネットワークでは，このフィルタの中に書かれた値が学習によって自動的に変わっていきます．

2.6.2　活性化関数

　畳み込みを行った後に各画素に対して活性化関数の処理をします．例えば，図 2.13 のフィルタを用いて処理した出力データに，深層学習でよく利用されるReLU 関数を用いた場合，**図 2.17** のようになります．ここでは，0 にした部分（もともとは 0 未満だった部分）の色を反転させて表示しています．

　このようにすべての要素に対して活性化関数の処理をします．

図 2.17　活性化関数による処理

2.6.3　プーリング

　プーリングは画像を小さくする役割があります．プーリングにはいくつか種類がありますが，その代表的なものとして，ここでは最大値プーリングを説明します．

　最大値プーリングの計算方法を**図 2.18** に示します．フィルタの中にある数値の最大値を残すものです．この図では 2 × 2 のフィルタを利用しており，これをプーリングフィルタサイズ 2 と呼びます．なお，通常はプーリングをする際には，フィルタのサイズ分だけストライドさせます．出力は図 2.18 のように最大値のみを集めたものになります．

入力：8×8

0	0	5	13	9	1	0	0
0	0	13	15	10	15	5	0
0	3	15	2	0	11	8	0
0	4	12	0	0	8	8	0
0	5	8	0	0	9	8	0
0	4	11	0	1	12	7	0
0	2	14	5	10	12	0	0
0	0	6	13	10	0	0	0

畳み込みと
活性化関数
による処理
➡

0	5	21	42	45	43	36	10
0	11	10	36	36	20	41	21
3	3	0	40	13	10	42	29
1	0	11	43	0	1	37	32
1	0	20	42	2	5	40	30
0	1	16	53	22	20	38	15
0	1	3	54	31	12	24	7
0	0	4	7	0	20	12	0

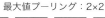

最大値プーリング：2×2

2×2 に分ける ➡ 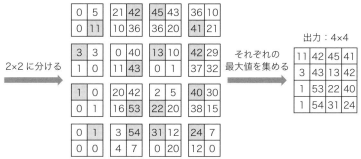 それぞれの
最大値を集める

出力：4×4

11	42	45	41
3	43	13	42
1	53	22	40
1	54	31	24

図 2.18 最大値プーリングの計算方法（プーリングフィルタサイズ 2）

最大値プーリングのほかにも次のプーリングがあります．

- 平均値プーリング
- 空間ピラミッド（Spatial Pyramid）プーリング
- ROI（Region of Interest）プーリング

🔵 2.6.4 実行

手書き数字を畳み込みニューラルネットワークで分類するためのプログラムを**リスト 2.8** に示します．リスト 2.5 との違いは，ニューラルネットワークの構造の違いと学習データの作成方法の違いの 2 点のみです

リスト 2.8 畳み込みニューラルネットワークによる MNIST：MNIST_CNN.py の一部

```
1  #データの作成
2  digits = load_digits()
3  train_data, valid_data, train_label, valid_label = train_test_split(digits.
   data,digits.target, test_size=0.2)
```

```
 4   train_data = train_data.reshape((len(train_data), 8, 8, 1))
 5   valid_data = valid_data.reshape((len(valid_data), 8, 8, 1))
 6   #ニューラルネットワークの登録
 7   model = keras.Sequential(
 8     [
 9       keras.layers.Conv2D(16, 3, padding='same', activation='relu'),    #畳み込み
10       keras.layers.MaxPool2D(pool_size=(2, 2)),                          #プーリング
11       keras.layers.Conv2D(64, 3, padding='same', activation='relu'),    #畳み込み
12       keras.layers.MaxPool2D(pool_size=(2, 2)),                          #プーリング
13       keras.layers.Flatten(),                                           #平坦化
14       keras.layers.Dense(10, activation='softmax'),                     #全結合層
15     ]
16   )
```

リスト2.7と異なる部分だけプログラムの説明を行います.

1.　学習データの作り方

　手書き数字のデータは64次元の横1列のベクトルになっています. これを畳み込みニューラルネットワークで処理できるように8×8×1のベクトル（行列）に変換するためには次のようにします. なお, TensorFlow の場合, 画像は縦×横×色情報（グレースケール画像の場合は1, カラー画像では3）の3次元行列にする必要があります.

```
 4   train_data = train_data.reshape((len(train_data), 8, 8, 1))
 5   valid_data = valid_data.reshape((len(valid_data), 8, 8, 1))
```

2.　ニューラルネットワークの構造

　ニューラルネットワークの構造は図2.12で示した構造に似ています. 違いはフィルタの数です.
　まず, リスト2.8の9行目の「畳み込み」の部分を示します.

```
 9   keras.layers.Conv2D(16, 3, padding='same', activation='relu'),
```

keras.layers.Conv2D の引数は次のようになっています.

- 第1引数：出力チャネル数
- 第2引数：フィルタのサイズ
- strides：ストライドサイズを指定（設定しない場合は1）
- padding：'same' はパディングを行うことで出力画像のサイズを変更しない，'valid' はパディングを行わない（設定しない場合は 'valid'）
- activation：活性化関数を指定（設定しない場合は活性化関数を用いない設定となる）

この設定では，ストライドサイズを1（デフォルト），パディングすることで画像サイズ変更をしないようにして，16個の3×3のフィルタを適用しています．この場合，1枚の画像から各フィルタが適用された16個の画像が作られます．

次に，10行目の「プーリング」の部分を示します．

```
10  keras.layers.MaxPool2D(pool_size=(2, 2)),  #プーリング
```

keras.layers.MaxPool2D は最大値プーリングを行うための関数で，引数は次のようになっています．

- pool_size：プーリングフィルタの大きさを縦横で設定（設定しない場合は 'valid'）
- strides：ストライドサイズを指定できる（設定しない場合は pool_size）

11行目の keras.layers.Conv2D で2回目の畳み込みを行っています．ここでは，64種類のフィルタを適用しています．それにはまず16枚の画像をマージして（すべて足し合わせるなどの処理を行い）1枚の画像にします．これに64種類のフィルタを適用することで，最終的に64枚の画像が得られます．

12行目の keras.layers.MaxPool2D で2回目のプーリングを行っています．

そして，13行目の keras.layers.Flatten では2次元のデータを1次元に直す（これを平坦化と呼びます）ことを行っています．これにより，図2.12に示したように一列に並べることができ，その次で行う Dense 層の入力とすることができます．

```
13  keras.layers.Flatten()
```

　最後に，14 行目の Dense 層の設定を行っています．対象とする数字は 0～9 までの 10 種類あるため，10 個の分類問題を解くように出力ノードを 10 とし，活性化関数として softmax 関数を設定しています．

```
14  keras.layers.Dense(10, activation='softmax')
```

　ここで，平坦化した後のノード数を求めてみましょう．これは知らなくても設定できますが，どの程度のノード数になっているかわかっていると，徐々にフィルタの設定が適切かどうか判断できるようになってきます．
　入力画像のサイズや畳み込みとプーリングに用いたサイズを次に示します．

- 入力画像サイズ：8
- 畳み込みフィルタのサイズ：3
- パディングのサイズ：1（画像の大きさを変えないようにするための設定より）
- ストライドのサイズ：1（デフォルトの設定）
- プーリングフィルタのサイズ：2

　この処理を 2 回行います．
　まず，1 回目の畳み込みでは画像サイズは変わりません．つまり，画像サイズは 8 です．そして，1 回目のプーリングでサイズが 4 に変わります．
　次に，2 回目の畳み込みでも画像サイズは変わりません．つまり，画像サイズは 4 です．そして，2 回目のプーリングでサイズが 2 に変わります．また，64 枚のフィルタを用いています．
　以上から，$2 \times 2 \times 64 = 256$ と計算されます．

◖2.6.5　ファイルから手書き数字を読み込んで分類

できるようになること　入力データをファイルから読み込み，学習済みモデルを用いて分類する

使用プログラム　MNIST_CNN_File.py

　ここでは自分で書いた手書き数字を入力として，学習モデルを使って分類する方法を紹介します．
　まずは，ペイントソフトなどで書いた文字をファイルで保存し，入力として使

う方法を示します.

　データの作り方はペイントなどのソフトで縦横のピクセル数が同じになるよう
に新規に画像を生成し，大きく数字を書きます．それを 0.png などの名前で保存
して，MNIST_CNN_File.py があるディレクトリに number というディレクトリ
を作り，そのディレクトリに置きます.

　手書き数字を読み込んで分類するプログラムを**リスト 2.9** に示します.

リスト 2.9　ファイルに書かれた手書き数字を入力データとして使う : MNIST_CNN_File.py

```
 1  import tensorflow as tf
 2  from tensorflow import keras
 3  import numpy as np
 4  import os
 5  from PIL import Image   #追加
 6
 7  def main():
 8    #ファイルからの画像の読み込み
 9    img = Image.open(os.path.join('number', '2.png'))
10    img = img.convert('L')    #グレースケール変換. この段階では256段階のグレース
      ケール画像
11    img = img.resize((8, 8))  #8×8にリサイズ
12    img = 16.0 - np.asarray(img, dtype=np.float32) / 16.0  #白黒反転, 0-16に正規
      化, array化
13    test_data = img.reshape(1, 8, 8, 1)  #4次元行列に変換 (1×8×8×1, バッチ数
      ×縦×横×チャンネル数)
14    #ニューラルネットワークの登録
15    model = keras.models.load_model(os.path.join('result', 'outmodel'))
16    #学習結果の評価
17    prediction = model.predict(test_data)
18    result = np.argmax(prediction)
19    print(f'result: {result}')
20
21  if __name__ == '__main__':
22    main()
```

　リスト 2.19 を実行する前に MNIST_CNN.py を実行し，学習を終わらせてモデ
ルファイルを作成しておきます.

　その後でリスト 2.19 を実行すると**ターミナル出力 2.5** が表示されます．ただ
し，画像の認識率はあまり高くありません.

ターミナル出力 2.5　MNIST_CNN_File.py の実行結果

```
result: 2
```

　深層学習についてはだいぶ慣れてきたでしょうか．次の第3章では深層強化学習を学ぶ上でのもう1つの柱となる，強化学習について学びましょう．

Column　人工知能とコンピュータ

　深層学習や深層強化学習は人工知能（AI）を実現するために現在最も期待されている手法です．人口知能は，現在第3次ブームにあると言われています．これまでの人工知能ブームとコンピュータの関係をまとめました．

第1次ブーム：1960〜1970年ごろ

　このころコンピュータが実用化され，アポロ計画に代表されるようにコンピュータを使った成果が出始めました．

第2次ブーム：1980〜1990年ごろ

　IBMやアップルなどパーソナルコンピュータの普及がありました．普及に伴い，コンピュータの性能が飛躍的に向上しました．

第3次ブーム：2010年〜

　インターネットの普及も要因の1つですが，NVIDIA から公開された CUDA ライブラリによる GPU による並列ベクトル計算の普及が大きく貢献しています．深層学習では行列計算を多く使います．従来のコンピュータでは $p \times q$ の行列とベクトルの計算を行うためには $p \times q$ 回の掛け算を行う時間が必要でした．ベクトル計算は，p 個の計算を1回で行うことができる仕組みがあるため，q 回の計算で終わります．さらに n 個の計算機を使うと q/n 回の計算で終わります．これにより深層学習に必要な計算が飛躍的に高速になりました．

今後の人工知能の計算：

　今後のコンピュータの1つとして量子コンピュータがあります．例えば，人間はいくつかの訪問先を効率よく回るための計画をすることができますが，現在のコンピュータではこれは非常に難しい問題です．ですが量子コンピュータにとってこの問題は得意な問題の1つです．

　次のブームは量子コンピュータを用いて人間のひらめきを取り入れた人工知能かもしれませんね．

強化学習

3.1　強化学習とは

　本章では，深層強化学習のもう1つの柱である，強化学習について説明していきます．第1章で述べたように，強化学習は，良い状態と悪い状態だけを決めておいてその過程を自動的に学習し，より良い動作を獲得する問題などに用いられている機械学習の一手法です．本章では，ネズミ学習問題，倒立振子，迷路問題の3つの問題を解くことで強化学習を学びます．

　本書の主題である深層強化学習を使いこなすには，深層学習と同様に強化学習について知っておく必要があります．強化学習は半教師あり学習というほかの機械学習にはない強みを持っています．そこでまず，半教師あり学習とはどのようなものかを説明します．

　深層学習や強化学習は，大きな枠組みで見ると機械学習の一部です．名前に学習とは付いていない，データマイニング手法である主成分分析などの手法も，機械学習の一部としてみなされることが多くあります．

　機械学習は，**表 3.1** に示すように「教師あり学習」「教師なし学習」「半教師あり学習」の3つに分類することができます．

表 3.1 機械学習の種類（一例）

機械学習の分類	主な手法
教師あり学習	ニューラルネットワーク，サポートベクターマシン（SVM），決定木，条件付き確率場（CRF）
教師なし学習	主成分分析，クラスタ分析，自己組織化マップ（SOM），k-means，潜在的ディリクレ配分法（LDA），オートエンコーダ
半教師あり学習	強化学習，変分オートエンコーダ

◖ 3.1.1　教師あり学習

教師あり学習は，すべての入力データに対して，その答え（教師データ）がセットになっているデータを使って学習する手法です．

例えば，イヌとネコの写真を学習して分類することを考えます．イヌが写っている写真とネコが写っている写真を何らかの方法で集めて[注1]，「イヌ」ディレクトリと「ネコ」ディレクトリに入れておきます．そして，それぞれのディレクトリからデータを取り出して学習の入力とすることで，答えがわかっている写真となり，答えとセットで学習します．

◖ 3.1.2　教師なし学習

教師なし学習は，入力データに対して，それぞれの手法で重要視する要素を計算し，入力データを自動的に分類する方法です．教師あり学習とは異なり，入力データが何を表すのかという答えのないデータのみを用いている点が特徴です．

例えば，クラスタ分析の場合はデータの距離（各要素の差の二乗和など）を計算して近いもの同士を同じカテゴリに分類しています．主成分分析の場合はデータのばらつきに着目し，それを大きい順に並べることで傾向を表しています．

◖ 3.1.3　半教師あり学習

半教師あり学習は，明確な「答え」は教えませんが，何らかの学習したモデルがうまくいっているか，もしくはうまくいっていないかという情報を使って学習する方法です．あるいは，小規模な教師ありデータで学習して，大規模な教師なしデータで学習するような場合も半教師あり学習といいます．ここでは強化学習について説明します．

注1　たいていは人間が行います．

　強化学習は，ある条件を満たしたら報酬が得られるようにしておいて，それに至る過程は何も規定しないという方法になります．人間が決めるのはこの報酬だけとなるため，すべてに答えがあるわけではないことからこのような名前が付いています．

　例えば，第 1 章の図 1.1 に示したスペースインベーダーを考えたとき，初めからすべての動作の答えを用意しておくことはまず無理です．すべての答えとは，スタート直後の 0.1 秒間を考えた場合，砲台を左に動かすか，右に動かすか，動きながらミサイルを発射するのか，など多くの行動について，すべての時刻に対してそれらに「良い」もしくは「悪い」という答えを付けておくこととなります．こういった動作の答えをあらかじめ設定しておくことは現実的ではありません．また，すべてに答えを付ける場合は人間が考えた動作だけ行うことになります．

　これに対して，インベーダーのビームに当たってはいけないという負の報酬（罰）とインベーダーを撃沈するという正の報酬（褒美）を設定しておくだけならできます．そして強化学習は，負の報酬を減らして正の報酬が大きくなるような行動を自ら見つけていくことで，目的を達成します．これにより，ときには人間が考えもしなかった答えを自動的に見つけ出すこともあります．例えば，名古屋打ち[注2] を深層強化学習が自ら見つけたという事例も聞いています．

3.2　強化学習の原理

できるようになること　Q ラーニングの原理を知る

◉ 3.2.1　強化学習の学習手順

　強化学習では以下の 5 つの言葉が重要となります．これらは深層強化学習でも使う言葉です．

- 環境
- エージェント
- （状態）観測
- 行動
- 報酬

注 2　https://spaceinvaders.jp/whats.html

　ここではスペースインベーダーのゲームを例にとって説明します[注3]．これらの言葉の関係は**図 3.1** のようになっています．

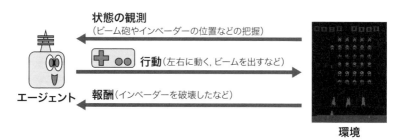

図 3.1　強化学習の 5 つの重要な言葉

　「環境」と「エージェント」とは，テレビゲームとそれを行う人間（またはロボットや AI コンピュータ）の関係に置き換えることができます．エージェントが画面を見てビーム砲（エージェントが操作するマシン）やインベーダーの位置，インベーダーの攻撃から守る陣地の形などの「状態」を確認します．これを「（状態）観測」と言います．

　そして，エージェントはその観測した状態に応じてコントローラを動かします．これが「行動」になります．行動すると，ビーム砲の位置が変わるだけでなく，インベーダーを破壊したり，インベーダーのビームを避けたりすることができます．

　そして，行動によって「報酬」が得られます．例えば，インベーダーを破壊したり，ゲームをクリアしたりすると良い報酬が得られ，ビーム砲がインベーダーの攻撃で破壊されると悪い報酬が得られます．一方，インベーダーを攻撃するために移動した場合などは報酬が得られません．

　強化学習では**図 3.2** に示すように「状態を観測して，行動して，報酬を受け取る」ことを繰り返します．

注3　なお，この説明は一般的な強化学習ですので，すべての強化学習に当てはまるものではありません．

図 3.2 強化学習に必要な 3 点セットのデータ

これにより，本書で扱う強化学習（深層強化学習も含む）に必要な 3 点セットのデータがたくさん得られます．

- 行動の前の状態
- 行動
- 行動の後の状態 + 報酬

強化学習は，いろいろな行動をすることでたくさんのパターンのデータを**覚えて**，そのデータを**うまく使う**ことで賢くなる学習方法です．

強化学習では環境をプログラムで作らなければなりません．そして，エージェントもプログラムで作ることになります．

◢ 3.2.2 Q ラーニングの学習手順

強化学習にはいろいろな種類がありますが，ここでは実装が比較的容易で，かつ，深層強化学習に組み込みやすい Q ラーニングに限定して説明します．

まずは原理を示して，その後で詳しく説明していきます．すぐにはわからなくても問題ありません．Q ラーニングでは次の 4 つのキーワードが重要となります．そして，それぞれを右側の変数で表すことが一般的です．

- 状態：s_t
- 行動：a
- 報酬：r
- Q 値：$Q(s_t, a)$

少し難しい書き方ですが，Q ラーニングでは行動するごとに Q 値を変化させ，目的に合った Q 値を学習します．Q 値の学習は次の式で行います．なお，α（学習率）と γ（割引率）はあらかじめ設定しておく定数です．

$$Q(s_t, a) \leftarrow (1 - \alpha)Q(s_t, a) + \alpha(r + \gamma \max Q) \tag{3.1}$$

　この式が Q ラーニングの最も重要な点ですが，すぐにはわからないと思います．以降では，例を用いてこの式を紐解いていきます．そして，それをプログラミングして実際に学習を行います．

3.3　ネズミ学習問題を例にした学習

できるようになること 問題を状態遷移図にして表す

　強化学習でよく用いられる例題には，迷路探索問題と第 1 章に簡単に示したネズミ学習問題（スキナーの箱）があります．迷路探索問題に比べてネズミ学習問題はより簡単な問題となっています．本書ではまずネズミ学習問題を例にとり，強化学習と深層強化学習でプログラムを作ります．そして，ロボットで実現するときにもネズミ学習問題を用います．簡単ですが，説明にはちょうどよいのです．
　ネズミ学習問題は第 1 章でも示しましたが，ここでおさらいをしておきます．

ネズミ学習問題（再掲）

　かごに入ったネズミが 1 匹います．
　かごには 2 つのボタンが付いた自販機があり，自販機にはランプが付いています．図 1.4 の左側のボタン（電源ボタン）を押すたびに自販機の電源が ON と OFF を繰り返します．そして，自販機の電源が入るとランプの明かりが点きます．電源が入っているときに限り，右側のボタン（商品ボタン）を押すとネズミの大好物の餌が出てきます．
　さて，ネズミは手順を学習できるでしょうか？

図 1.4　ネズミ学習問題（再掲）

　この問題を状態遷移図で表すこととします．そのために問題を少し整理しましょう．ネズミがとれる行動は，電源ボタンを押すという行動と商品ボタンを押すという行動の 2 種類あります．何もしないという行動はここでは考えません．次に，自販機の状態は電源が ON と OFF の 2 種類です．

　これを状態遷移図で表すと**図 3.3** となります．状態遷移図では状態を丸で表し，行動による遷移を矢印で表します．例えば，電源 OFF の「状態」のときに電源ボタンを押す「行動」をすると電源 ON の「状態」に遷移することがわかります．

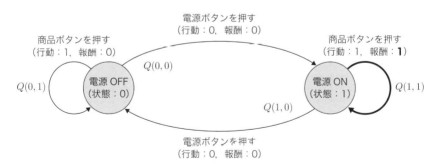

図 3.3　ネズミ学習問題の状態遷移図

3.4　Qラーニングの問題への適用

できるようになること　簡単なQラーニングを手計算で扱う

　図3.3の状態遷移図を用いて，ネズミ学習問題をQラーニングの問題に当てはめてみます．Qラーニングでは「状態」「行動」「報酬」「Q値」という4つのキーワードが重要であることを述べました．それぞれについてネズミ学習問題に合わせながら，状態と行動がどういうものかを説明し，そしてそれを数字で表す方法について示します．その後で，報酬とQ値について説明をします．

ⓒ 3.4.1　状態

　ネズミ学習問題では図3.3の状態遷移図の丸で表したように状態が2つあります．ここでは電源がOFFの状態（左）を0として番号で表します．このとき $s_t = 0$ となります．ここで，s の添字の t は時刻を表すものですが，とりあえず気にせずに話を進めます．一方，電源がONの状態（右）の場合は状態を1とします．このときは $s_t = 1$ となります．

ⓒ 3.4.2　行動

　行動も電源ボタンを押す行動と商品ボタンを押す行動の2つあります．電源ボタンを押す行動を0として番号で表し，$a = 0$ とします．一方，商品ボタンを押す行動を $a = 1$ として表します．

ⓒ 3.4.3　報酬

　報酬は，図3.3に示したように，電源がONの状態で商品ボタンを押す行動をしたときのみ得られるようにしています．報酬が得られた場合は式 (3.1) の r を $r = 1$ とします．それ以外は $r = 0$ として報酬を与えません．この報酬の部分が半教師あり学習と呼ばれる理由となっています．

　報酬が得られたという情報がQ値に書き込まれ，それを繰り返すことで，電源がOFFの状態の場合に電源ボタンを押すように学習します．もしこれが教師あり学習であれば，電源をONにするという行動にも報酬を与えなければなりません．このように，望ましい行動にのみ報酬を与えればよい点がQラーニングの優れているところとなります．

◯ 3.4.4　Q 値

Q 値 ($Q(s_t, a)$) は状態 s_t において a という行動をとる値であり，その行動の選びやすさを示します．ネズミ学習問題に当てはめるとイメージがわきやすくなります．状態は 2 つ，行動は 2 つしかないので，Q 値は 4 つとなります．4 つ程度ならすべての意味を説明できます．

- $Q(0,0)$：状態 $s_t = 0$（電源 **OFF**）のときに行動 $a = 0$（**電源**ボタンを押す）
- $Q(0,1)$：状態 $s_t = 0$（電源 **OFF**）のときに行動 $a = 1$（**商品**ボタンを押す）
- $Q(1,0)$：状態 $s_t = 1$（電源 **ON**）のときに行動 $a = 0$（**電源**ボタンを押す）
- $Q(1,1)$：状態 $s_t = 1$（電源 **ON**）のときに行動 $a = 1$（**商品**ボタンを押す）

ここまでで状態，行動，報酬，Q 値の意味がつかめてきたと思います．ここからは Q 値の更新について説明していきます．

初期状態として，**表 3.2** のようにすべての Q 値が 0 の場合を考えます．

表 3.2　1 回目の行動をとったときの Q 値の更新

Q 値 $Q(s_t, a)$	更新前の値	状態 0 で行動 0 をとったときの更新値
$Q(0,0)$	0	0
$Q(0,1)$	0	0
$Q(1,0)$	0	0
$Q(1,1)$	0	0

前述のように Q 値とはその行動の選びやすさを示す値であり，多くの場合，Q 値が最も高い行動を選択します．なお，同じ Q 値が複数ある場合はランダムに選ばれます．

ここで，状態 0（電源 OFF）のときに行動 0（電源ボタンを押す）をとったときの Q 値の変遷について考えます．なお，式 (3.1) 中の α と γ はとりあえずそれぞれ 0.5 と 0.9 とします．

これらの値を式 (3.1) に代入すると次式 (3.2) のようになります．図 3.1 を見ると，電源 OFF の状態で行動 0 を行っても報酬はないものとしていますので，$r = 0$ となります．また，$Q(0,0)$ の Q 値は 0 となっています．

$$Q(0,0) \leftarrow (1 - 0.5)Q(0,0) + 0.5 \times (0 + 0.9 \max Q) \tag{3.2}$$

　そうすると残りのわからない値は $\max Q$ だけとなります．$\max Q$ とは行動によって遷移した先の状態で最も大きな Q 値という意味です．この例では，行動 0（電源ボタンを押す）をとったので，遷移先は状態 1（電源 ON）になります．つまり状態 1 の中で最も大きな Q 値を探すこととなりますが，表 3.2 に示した通り $Q(1,0)$，$Q(1,1)$ はともに 0 なので，ここでの $\max Q$ は 0 となります．

　これらの値を代入すると式 (3.3) となり，結果として $Q(0,0)$ は変更なしとなります．

$$Q(0,0) \leftarrow (1 - 0.5) \times 0 + 0.5 \times (0 + 0.9 \times 0) = 0 \qquad (3.3)$$

　次に，状態 1（電源 ON）のときに行動 1（商品スイッチを押した）をとったとします．その場合は，図 3.3 に示したように報酬が得られますので，$r = 1$ となります．そして，状態は変わらないので，次の状態も 1 となります．$\max Q$ は次の状態になったときに最も大きな Q 値ですが，$Q(1,0)$，$Q(1,1)$ ともに 0 なので，ここでも $\max Q$ は 0 となります．

　これらを含めて計算すると式 (3.4) のようになり，Q 値は 0.5 となります．

$$Q(1,1) \leftarrow (1 - 0.5) \times 0 + 0.5 \times (1 + 0.9 \times 0) = 0.5 \qquad (3.4)$$

　これにより**表 3.3** に示すように Q 値が変化します．

表 3.3　2回目の行動をとったときのQ値の更新

Q 値 $Q(s_t, a)$	更新前の値	状態 1 で行動 1 を とったときの更新値
$Q(0,0)$	0	0
$Q(0,1)$	0	0
$Q(1,0)$	0	0
$Q(1,1)$	0	0.5

　問題設定によっては状態 1 のまま続けることもできますが，今回の説明では，報酬が得られた後は初期状態に戻るものとしましょう．初期状態とは電源が OFF の状態です．ただし，次の 3.5 節に示すプログラム skinner_QL.py では，この説明のように報酬を得たらすぐに初期状態に戻すのではなく，5 回ボタンを押したら初期状態に戻るようにしています．

　先ほどと同様に状態 0（電源 OFF）のときに行動 0（電源ボタンを押す）をとっ

たときの Q 値の変遷について考えます．先ほどと異なるのは $Q(1,1)$ が 0 ではなくなった点です．$\max Q$ は $Q(1,0)$ と $Q(1,1)$ の大きいほうの値となりますので，0.5 となります．

このことから計算すると式 (3.5) となります．

$$Q(0,0) \leftarrow (1 - 0.5) \times 0 + 0.5 \times (0 + 0.9 \times 0.5) = 0.225 \tag{3.5}$$

その結果，Q 値は**表 3.4** のようになります．

表 3.4　3 回目の行動をとったときの Q 値の更新

Q 値 $Q(s_t, a)$	更新前の値	状態 0 で行動 0 をとったときの更新値
$Q(0,0)$	0	0.225
$Q(0,1)$	0	0
$Q(1,0)$	0	0
$Q(1,1)$	0.5	0.5

　まだまだ学習を続けることはできますし，ネズミが餌をもらったわけではないのであまり切りがよくありませんが，とりあえずここで学習を終わりにします．このときの Q 値を**表 3.5** に示します．

表 3.5　学習終了時の Q 値

Q 値 $Q(s_t, a)$	値
$Q(0,0)$	0.225
$Q(0,1)$	0
$Q(1,0)$	0
$Q(1,1)$	0.5

　それではネズミがどのように動作するのか確かめてみます．

　まず，ネズミは状態 $s_t = 0$ にいます．このとき，$Q(0,0)$ と $Q(0,1)$ の Q 値の大きいほうの行動をとります．表 3.5 を見ると行動 $a = 0$ のほうが Q 値が大きいため，行動 0（電源ボタンを押す）を行います．そして，状態 1 に遷移した後は，$Q(1,0)$ と $Q(1,1)$ の Q 値の大きいほうの行動をとりますので，行動 1（商品ボタンを押す）を行います．ネズミは迷うことなく電源を ON にして，商品ボタンを取り出すという行動を獲得することとなりました．

　Q ラーニングではもう 1 つ重要な動作があります．それは，ランダムに行動することです．先ほどの行動で，電源ボタンを押してから商品ボタンを押す行動を獲得しましたが，これをある確率で，ランダムに動作させる必要があります．例えば，電源が OFF になっているにもかかわらず，商品ボタンを押す行動です．このようにランダムに動作させるために ε-greedy 法がよく用いられます．そして，これは Q ラーニングだけでなく，深層強化学習でも設定する必要があります．ランダムに行動することで，これまで見つけた動作よりももっと効率のよい動作を偶然に見つけることができるため，重要な動作となっています．

3.5　Python で学習

できるようになること　簡単な Q ラーニングを Python で解く

使用プログラム　skinner_QL.py

　本節ではネズミ学習問題を Python によるプログラムで実現します．簡単なプログラムを作ることで，Q ラーニングの仕組みを説明します．そして，これを応用して以降のプログラムを作っていきます．

◀ 3.5.1　プログラムの実行

　プログラムの説明はこの後で行いますが，まずは実行してみましょう．skinner_QL.py があるディレクトリで次のコマンドを実行することで学習できます．なお，3.4 節の例では報酬が得られたらすぐに電源を OFF にして初期状態に戻しましたが，今回のプログラムでは，5 回行動したら電源を OFF にすることで初期状態に戻しています．

　実行：python（Windows），python3（Linux, Mac, RasPi）

```
$ python skinner_QL.py
```

　実行後は**ターミナル出力 3.1** のように表示されます．

ターミナル出力 3.1 skinner_QL.py の実行結果

```
0 0 0
1 0 0
0 1 0
0 1 0
0 1 0
Episode : 1, R: 0
[[0. 0.]
 [0. 0.]]
0 1 0
0 1 0
0 0 0
1 1 1
1 0 0
Episode : 2, R: 1
[[0.  0. ]
 [0.  0.5]]
0 0 0
1 1 1
1 1 1
1 1 1
1 0 0
Episode : 3, R: 3
[[0.225    0.       ]
 [0.10125  1.8549375]]
  (中略)
0 0 0
1 1 1
1 1 1
1 1 1
1 1 1
Episode: 10, R: 4
[[4.62414871 1.10390581]
 [2.04097473 6.59438374]]
```

3
強化学習

　0 もしくは 1 が 3 つ並んでいて，それが 5 行連続で書かれている行の数字は左
が状態，中央が行動，右が報酬を表し，5 回の行動をとった履歴を表しています．
そして，Episode の後ろは 5 回の行動を 1 エピソードとしたときのエピソードの
回数，R の後ろは 5 回の行動で得た合計の報酬を表しています．報酬は餌を 1 回
もらうごとに 1 だけ得られることとしています．なお，5 回行動したときの最大

報酬は最初の行動で電源ボタンを押す必要があるため，4です．また，$\alpha = 0.5$，$\gamma = 0.9$としています．

Episode と R の行に続く 2 行 2 列の行列が各エピソード終了時の Q 値を示していて，次の順に並んでいます．

```
[[Q(0,0), Q(0,1)]
 [Q(1,0), Q(1,1)]]
```

ターミナル出力 3.1 を見ると，1 回目のエピソードでは次の行動をしたので，報酬が得られませんでした．そのため，Q 値が 0 のままでした．

- 1 回目の行動：電源 OFF (0) で電源ボタンを押す (0) → 報酬は 0
- 2 回目の行動：電源 ON (1) で電源ボタンを押す (0) → 報酬は 0
- 3 回目の行動：電源 OFF (0) で商品ボタンを押す (1) → 報酬は 0
- 4 回目の行動：電源 OFF (0) で商品ボタンを押す (1) → 報酬は 0
- 5 回目の行動：電源 OFF (0) で商品ボタンを押す (1) → 報酬は 0

2 回目のエピソードでは，4 回目の行動で報酬を得ています．4 回目の行動では次の式に従い $Q(1,1)$ が 0.5 となります．

$$(1 - 0.5) \times 0 + 0.5 \times (1 + 0.9 \times 0) = 0.5$$

3 回目のエピソードでは，1 回目の行動で偶然電源ボタンを押したため，Q 値が更新されます．そして，2, 3, 4 回目の行動は商品ボタンを押すことで報酬を得ています．

これを式に表すと，1 回目の行動では $Q(0,0)$ が次のように更新されます．

$$(1 - 0.5) \times 0 + 0.5 \times (0 + 0.9 \times 0.5) = 0.225$$

2 回目の行動では $Q(1,1)$ が次のように更新されます．

$$(1 - 0.5) \times 0.5 + 0.5 \times (1 + 0.9 \times 0.5) = 0.975$$

同様に 3, 4 回目の行動では $Q(1,1)$ が次のように更新されていきます．

$$(1 - 0.5) \times 0.975 + 0.5 \times (1 + 0.9 \times 0.975) = 1.42625$$

$$(1 - 0.5) \times 1.42625 + 0.5 \times (1 + 0.9 \times 1.42625) = 1.8549375$$

5回目の行動は電源ボタンを押したので，$Q(1,0)$ が次のように更新されます．

$$(1 - 0.5) \times 0 + 0.5 \times (0 + 0.9 \times 0.225) = 0.10125$$

そして，10回のエピソード終了時は電源ボタンを押した後，商品ボタンを4回連続で押す行動をしていますので，報酬の合計が4になっています．

📹 3.5.2 プログラムの説明

それでは，プログラムの説明を行っていきます．プログラムを**リスト3.1**に示します．

リスト3.1 ネズミ学習問題のQラーニング：skinner_QL.py

```
 1  import numpy as np
 2
 3  class MyEnvironmentSimulator():  #シミュレータクラスの設定
 4    def __init__(self):
 5      self.reset()
 6  #初期化
 7    def reset(self):
 8      self._state = 0
 9      return self._state
10  #行動による状態変化
11    def step(self, action):
12      reward = 0
13      if self._state==0:      #電源OFFの状態
14        if action==0:         #電源ボタンを押す
15          self._state = 1    #電源ON
16        else:                 #行動ボタンを押す
17          self._state = 0    #電源OFF
18      else:                   #電源ONの状態
19        if action==0:
20          self._state = 0
21        else:
22          self._state = 1
23          reward = 1         #報酬が得られる
24      return self._state, reward
```

```
25
26  class MyQTable():          #Q値クラスの設定
27    def __init__(self):
28      self._Qtable = np.zeros((2, 2))
29  #行動の選択
30    def get_action(self, state, epsilon):
31      if epsilon > np.random.uniform(0, 1):  #ランダム行動
32        next_action = np.random.choice([0, 1])
33      else:  #Q値に従った行動
34        a = np.where(self._Qtable[state]==self._Qtable[state].max())[0]
35        next_action = np.random.choice(a)
36      return next_action
37  #Q値の更新
38    def update_Qtable(self, state, action, reward, next_state):
39      gamma = 0.9
40      alpha = 0.5
41      next_maxQ=max(self._Qtable[next_state])
42      self._Qtable[state, action] = (1 - alpha) * self._Qtable[state, action] +
    alpha * (reward + gamma * next_maxQ)
43      return self._Qtable
44
45  def main():
46    num_episodes = 10        #総エピソード回数
47    max_number_of_steps =5  #各エピソードの行動数
48    epsilon = np.linspace(start=1.0, stop=0.0, num=num_episodes)  #徐々に最適行動
    のみをとる、ε-greedy法
49    env = MyEnvironmentSimulator()
50    tab = MyQTable()
51
52    for episode in range(num_episodes):  #エピソード回数分繰り返す
53      state = env.reset()
54      episode_reward = 0
55      for t in range(max_number_of_steps):  #各エピソードで行う行動数分繰り返す
56        action = tab.get_action(state, epsilon[episode])  #行動の決定
57        next_state, reward = env.step(action)  #行動による状態変化
58        print(state, action, reward)  #表示
59        q_table = tab.update_Qtable(state, action, reward, next_state)  #Q値の更新
60        state = next_state
61        episode_reward += reward  #報酬を追加
62      print(f'Episode:{episode+1:4.0f}, R:{episode_reward:3.0f}')
63      print(q_table)
64    np.savetxt('Qvalue.txt', tab._Qtable)
```

```
65
66  if __name__ == '__main__':
67    main()
```

プログラムのフローチャートは**図 3.4** のようになっています.

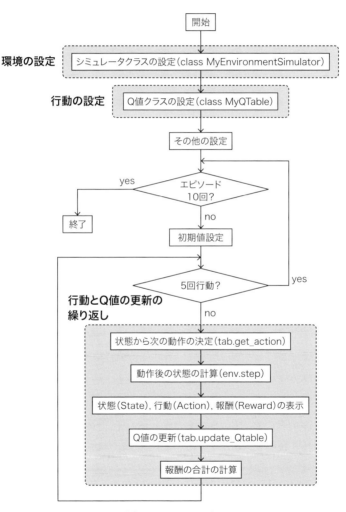

図 3.4 フローチャート

プログラムは図 3.4 の破線で囲まれた 3 つの部分から成り立っています.

　まず，1つ目は環境を設定するためのシミュレータクラスを設定する部分です．ネズミ学習問題に対応させると，自動販売機をシミュレーションすることに相当します．2つ目は行動を設定するためのQ値クラスです．ネズミの意思決定（ランプの状態を見てどのボタンを押すか決めること）に相当します．3つ目は行動と学習の部分です．これは，ネズミが考え，行動し，自動販売機の状態が変わり，報酬が得られるといった一連の動作を行う部分です．

　この3つの部分を作ることが第4，5章の深層強化学習でも重要となります．最初の例題ですので，それぞれについて，詳しく説明していきます．

1．シミュレータクラスの設定

　3〜24行目で設定しているクラスが，環境をシミュレーションするための部分です．reset メソッドは初期状態に戻すための処理が書かれています．そして，step メソッドでは，現在の状態（self._state）と行動（action）により次の状態を決め，報酬を与えています．ここでは図3.3の状態と行動の関係を if 文で行っています．

2．Q値クラスの設定

　26〜43行目で設定しているクラスが，Q値に従って次の行動を決めるための部分です．

　get_action メソッドは現在の状態（state）を入力として，次に行う動作を決めています．基本的にはQ値の高い行動を選択します．しかし，いつも同じ行動を選択すると今まで見つかっていなかった，よりよい行動を探索しなくなってしまいます．ここでは，ランダムに行動を決める仕組みとして，ε-greedy 法を採用しています．

　ε-greedy 法に使う epsilon は48行目で設定されていて，episode 変数が大きくなるにつれて，値が小さくなる変数となっています．この epsilon よりも np.random.uniform(0, 1) で得た0〜1までのランダムな値が小さかった場合（31行目），ランダムな行動が選択されます（32行目）．そうでなかった場合は，Q値の大きい行動が選択されます（34，35行目）．つまり，epsilon が0.3であれば，30％の確率でランダムな行動を選択し，70％の確率でQ値に従った行動を選択します．

　update_Qtable メソッドでQ値を更新しています．更新の方法は式（3.1）と同

じです.

3. 行動と Q 値の更新

これはネズミの動作を考えるとイメージしやすいと思います.

まず, ネズミは自動販売機を見ることで状況を確認し, 行動を決めます. これが 56 行目の tab.get_action 関数で行われます.

次に, ネズミはその行動を起こします. すると, 状態が変わり報酬が得られます. 報酬は 0 の場合もあります. これが 57 行目の env.step 関数で行われます.

そして, 行った行動に対してネズミは学習します. Q ラーニングの場合は Q 値の更新に相当します. これが 59 行目の tab.update_Qtable 関数で行われます.

3.6 OpenAI Gym による倒立振子

できるようになること OpenAI Gym の倒立振子を Q ラーニングに組み込む

使用プログラム cartpole_QL.py

倒立振子とは第 1 章の図 1.5 (a) に示した「ほうき」を逆さまにして手に立たせてバランスをとるような動作を, コンピュータに行わせるものです.

コンピュータに行わせるため, **図 3.5** に示すように台車の上で自由に回転できるように棒を取り付け, 台車を前後させることで台車に設置された棒のバランスを保って立たせるようにします. この図では棒が左に傾いていますので, 立たせるためには下の台車を左に加速する必要があります. 倒立振子は運動方程式を解くことで実際の動作をかなり正確にシミュレーションできます.

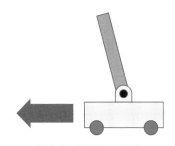

図 3.5 倒立振子の概念図

　ここでは OpenAI Gym の台車と棒が動く部分だけを使って学習します．この
ライブラリを使うとシミュレータクラスを作らなくても，簡単に**図3.6**のような
倒立振子をシミュレーションして表示させることができます[注4]．

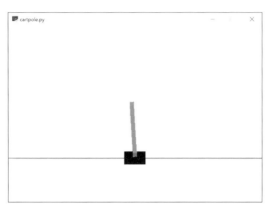

図3.6　OpenAI Gym の倒立振子

3.6.1　プログラムの実行

　プログラムの説明はこの後で行いますが，まずは実行してみましょう．
cartpole_QL.py があるディレクトリで，次のコマンドを実行します[注5]．なお，本
節のシミュレーションは Raspberry Pi では行いません．

　実行：python（Windows），python3（Linux, Mac）

```
$ python cartpole_QL.py
```

　10エピソードごとに図3.6に示す倒立振子のシミュレーション動画が表示さ
れます．そして，R が200になったときが成功です．**ターミナル出力3.2**のよう
な表示がなされます．最初は-100より小さい値ですが，徐々に200が出てきて，
500エピソードになるころにはほぼ200が連続します．

注4　OpenAI Gym のインストールは1.7節を参照してください．
注5　途中で終了させる場合は，コンソールで Ctrl+C としてください．

ターミナル出力 3.2 cartpole_QL.py の実行結果

```
Episode:   0 R:-182
Episode:   1 R:-189
Episode:   2 R:-190
 (中略)
Episode: 250 R: -53
Episode: 251 R: -40
Episode: 252 R: -25
 (中略)
Episode: 500 R: 200
Episode: 501 R: 200
Episode: 502 R: 200
 (以下続く)
```

3

強化学習

◉◀ **3.6.2 プログラムの説明**

プログラムを**リスト 3.2** に示します.

リスト 3.2 Q ラーニングを用いた倒立振子：cartpole_QL.py

```
 1  import gym
 2  import numpy as np
 3  import time
 4
 5  class MyQTable():  #Q値クラスの設定
 6    def __init__(self, num_action):
 7      self._Qtable = np.random.uniform(low=-1, high=1, size=(num_digitized**4,
    num_action))
 8  #行動の選択
 9    def get_action(self, next_state, epsilon):
10   (skinner_QL.pyと同じ)
11  #Q値の更新
12    def update_Qtable(self, state, action, reward, next_state):
13   (skinner_QL.pyと同じ，ただしgamma = 0.99とした)
14
15  num_digitized = 6  #分割数
16  def digitize_state(observation):
17    p, v, a, w = observation
18    d = num_digitized
19    pn = np.digitize(p, np.linspace(-2.4, 2.4, d+1)[1:-1])
```

```
20   vn = np.digitize(v, np.linspace(-3.0, 3.0, d+1)[1:-1])
21   an = np.digitize(a, np.linspace(-0.5, 0.5, d+1)[1:-1])
22   wn = np.digitize(w, np.linspace(-2.0, 2.0, d+1)[1:-1])
23   return pn + vn*d + an*d**2 + wn*d**3
24
25 def main():
26   num_episodes = 1000   #総エピソード回数
27   max_number_of_steps = 200   #各エピソードの行動数
28   env = gym.make('CartPole-v0')
29   tab = MyQTable(env.action_space.n)
30   for episode in range(num_episodes):   #試行数分繰り返す
31     observation = env.reset()
32     state = digitize_state(observation)
33     episode_reward = 0
34     for t in range(max_number_of_steps):   #1試行のループ
35       action = tab.get_action(state, epsilon = 0.5 * (1 / (episode + 1)))   #行
動の決定
36       observation, reward, done, info = env.step(action)   #行動による状態変化
37       if episode %10 == 0:   #表示
38         env.render()
39       if done and t < max_number_of_steps-1:
40         reward -= max_number_of_steps   #棒が倒れたら罰則
41       next_state = digitize_state(observation)   #t+1での観測状態を、離散値に変
換
42       q_table = tab.update_Qtable(state, action, reward, next_state)   #Q値の更
新
43       state = next_state
44       episode_reward += reward   #報酬を追加
45       if done:
46         break
47     print(f'Episode:{episode:4.0f}, R:{episode_reward:4.0f}')
48   np.savetxt('Qvalue.txt', tab._Qtable)
49
50 if __name__ == '__main__':
51   main()
```

　Qラーニングでは状態と行動が重要です．倒立振子のプログラムでは，台車に右または左方向へある決まった力を与えることが2つの行動となります．この行動をしたときの台車と棒の動きはOpenAI Gymの倒立振子のプログラムの中に書かれています．なお，ここではOpenAI Gymの中にある倒立振子のプログラ

ムの説明は行いません．OpenAI Gym の中のプログラムを書き換える方法の説明は第 4 章で行います．

　状態については，台車の位置と速度，棒の角度と角速度に動作の制限を与え，それを 6 分割してどこに入っているかによって決めています．例えば，台車の位置と棒の角度の分割のイメージは**図 3.7** のようになっています．この図の場合，台車は 4 番の位置，棒は 2 番の角度となります．

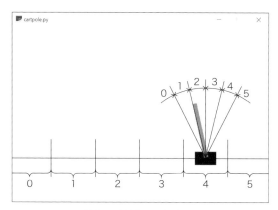

図 3.7　倒立振子の領域分け

　プログラムのフローチャートを**図 3.8** に示します．図 3.4 に似ていますが，OpenAI Gym を使う場合はシミュレータクラスを作る必要がありません．

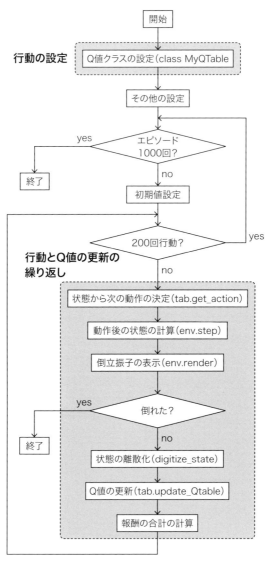

図3.8 フローチャート

1. シミュレーションクラスの設定

　OpenAI Gym の初期化は28行目によって行っています．これによりシミュレーションクラスに必要な機能を持ったオブジェクトが得られます．

```
28  env = gym.make('CartPole-v0')
```

2. Q 値クラスの設定

5〜13 行目に設定しているクラスで，Q 値に従い次の行動を決めるための部分です．

倒立振子では以下で説明する digitize_state 関数により状態を 6^4 個（1296 個）に分けている点が異なります．

また，うまく動作するように gammna を 0.99 にしました．

3. 行動と Q 値の更新

ネズミ学習問題と同様の手順で行います．異なる点は 4 つあります．

1 つ目は状態の遷移（36 行目）です．ネズミ学習問題のときには自分で作った env.step 関数を実行しましたが，今回利用している env.step 関数は OpenAI Gym で用意されている関数で，その戻り値は次の 4 つとなっています．

- observation：倒立振子の状態（台車の位置，台車の速度，棒の角度，棒の角速度）
- reward：決められた角度の範囲に棒があれば 1，そうでなければ 0
- done：台車の位置が決められた範囲を超えた，もしくは棒が決められた角度を超えた場合 false，そうでなければ true
- info：デバッグ用の情報（ここでは不使用）

この done を調べて，失敗したらシミュレーションを終了し，初期状態から始めています．

2 つ目は表示の方法です。これは 38 行目で行っています。

```
38  env.render()
```

3 つ目は倒れた場合の処理（40 行目）です。これは done を調べることで行い，倒れたら 1 試行の回数（200）を引くことで報酬をマイナスの値にしています．

4 つ目は状態の離散化（41 行目）です。OpenAI Gym の倒立振子では状態は連続値で得られますので，digitize_state 関数でそれをある領域に区切って離散化しています。例えば，この関数内の変数 p は台車の位置ですが，-2.4 から 2.4 まで

の範囲を 6 等分してどの領域に含まれるか図 3.7 に示したようにして調べて，番号を返しています．台車の速度 v，棒の角度 a，棒の角速度 w についても同様に離散化し，各状態が同じ値とならないように次の式に従って番号を付けています．

$$w \times 6^3 + a \times 6^2 + v \times 6 + p \tag{3.2}$$

例えば図 3.7 の場合は $p = 4$，$a = 2$ です．$v = 1$，$w = 3$ であった場合，次のように状態の番号が計算されます．

$$3 \times 6^3 + 2 \times 6^2 + 1 \times 6 + 4 = 730 \tag{3.3}$$

3.7　Q 値の保存と読み込み方法

できるようになること　学習済み Q 値を用いてシミュレーションを再開する

使用プログラム　cartpole_QL_load.py, cartpole_QL_test.py

学習後の Q 値を使って倒立振子を動かす方法を示します．まず，リスト 3.2 で，Q 値の保存は最終行で行っています．保存するファイルの形式は txt です．

```
48  np.savetxt('Qvalue.txt', q_table)
```

実行が終わると Q 値を保存したファイル（Qvalue.txt）が生成されます．そのファイルを開くと 1 行に 2 つずつ数が書かれたものが 1296 行あることを確認できます．この 1296（$= 6^4$）は状態の数です．そして 2 つの数は右に動くか左に動くかの Q 値となっています．

次に，この Q 値が書かれたファイルを読み込みます．これには次のようにコメントアウトを変更することで実現できます（cartpole_QL_load.py，cartpole_QL_test.py）．

```
7  #self._Qtable = np.random.uniform(low=-1, high=1, size=(num_digitized**4, num_
   action))
8  self._Qtable = np.loadtxt('Qvalue.txt')
```

学習した Q 値を使って学習が始まるので，初めからうまく動きます．学習を再

開させる場合 (cartpole_QL_load.py)，以下のように num_episodes を大きくして，エピソードの繰り返しの初期値を設定すると，ε-greedy 法の epsilon を 1000 エピソード後の値を用いて再開できます．

```
26    num_episodes = 2000  #総エピソード回数
```

```
34    for episode in range(1000,num_episodes+1):  #試行数分繰り返す
```

また，学習せずに動作のみを確認する場合 (cartpole_QL_test.py) は上記の Q 値の読み込みのほかに，ランダム動作を起こさないように 35 行目の epsilon 変数を 0 にします．さらに，42 行目の update_Qtable 関数をコメントアウトして Q 値の更新をしないようにします．なお，常に同じ動作を行うので，num_episodes = 1 として 1 回だけ表示させればよいでしょう．

```
35        action = tab.get_action(state, epsilon = 0)  #行動の決定
```

```
42    #q_table = tab.update_Qtable(state, action, reward, next_state)  #Q値の更新
```

3.8 　迷路問題

できるようになること 　迷路を対象として，2 次元の入力の扱い方を知る
使用プログラム 　maze_QL.py, maze_QL_load.py, maze_QL_test.py

第 3 章の最後に強化学習の例題としてよく用いられる迷路を自動的に解く問題を扱います．これを本書では「迷路問題」と呼ぶこととします．ネズミ学習問題と倒立振子問題では状態は数値として扱っていましたが，ここでは状態を 2 次元の値として扱う方法を紹介します．これは深層強化学習に畳み込みニューラルネットワークを用いるための例題に発展します．

◖3.8.1 　問題設定

迷路問題とは**図 3.9** に示すような通路 (1) と壁 (0) からなる迷路をエージェント（通路を移動できるロボット）がゴール (2) まで移動する問題です．プログラ

ムでは各マスは 2 次元の数字列を用いて表します．例えば (3,2) のマスは 1（通路），(2,4) のマスは 0（壁），(5,5) のマスは 2（ゴール）のように扱います．

(0,0) 0	(0,1) 0	(0,2) 0	(0,3) 0	(0,4) 0	(0,5) 0	(0,6) 0
(1,0) 0	(1,1) 1	(1,2) 0	(1,3) 1	(1,4) 1	(1,5) 1	(1,6) 0
(2,0) 0	(2,1) 1	(2,2) 0	(2,3) 1	(2,4) 0	(2,5) 1	(2,6) 0
(3,0) 0	(3,1) 1	(3,2) 1	(3,3) 1	(3,4) 1	(3,5) 1	(3,6) 0
(4,0) 0	(4,1) 1	(4,2) 0	(4,3) 1	(4,4) 0	(4,5) 0	(4,6) 0
(5,0) 0	(5,1) 1	(5,2) 0	(5,3) 1	(5,4) 1	**(5,5) 2**	(5,6) 0
(6,0) 0	(6,1) 0	(6,2) 0	(6,3) 0	(6,4) 0	(6,5) 0	(6,6) 0

図 3.9 迷路問題．（a）下段の数字：迷路の要素，（b）上段の数字：マスの指定方法

　エージェントの位置は 3 で表すことにします．エージェントが (1,1) にいる状態の迷路を数字で表すと以下のようになります．第 4 章に示す深層強化学習では，この 0 から 3 で表された数列をそのまま入力とします．

```
[[0 0 0 0 0 0 0]
 [0 3 0 1 1 1 0]
 [0 1 0 1 0 1 0]
 [0 1 1 1 1 1 0]
 [0 1 0 1 0 0 0]
 [0 1 0 1 1 2 0]
 [0 0 0 0 0 0 0]]
```

　エージェントは**図 3.10**（a）の上下左右の 4 方向に動きます．行動は 0 から 3 までの数字で表し，次のように動作と対応付けます．

- 0：上方向に移動
- 1：右方向に移動

3

強化学習

- 2：下方向に移動
- 3：左方向に移動

各マスは4方向に移動できるので，各マスには，例えば図3.10(b)に表すように4個のQ値が設定されます．このマスにエージェントが来たときにはQ値の大きい右方向に移動します．

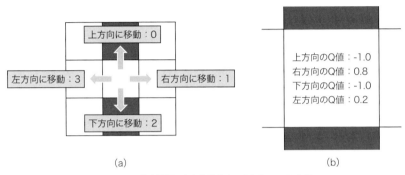

(a)   (b)

図3.10 迷路問題：(a)移動方向，(b)各マスのQ値

そして，深層強化学習では報酬が重要となります．以下のように設定し，報酬の正負にかかわらず，報酬が得られたら初期状態から再スタートするものとします．

- 移動先が通路（迷路の数値では1）：報酬は0
- 移動先が壁（迷路の数値では0）：報酬は-1
- 移動先がゴール（迷路の数値では2）：報酬は1

◉ 3.8.2 プログラムの実行

まずはプログラムを実行してみましょう．実行すると**ターミナル出力3.3**が表示されます．

実行：python（Windows），python3（Linux, Mac, RasPi）

```
$ python maze_QL.py
```

ターミナル出力3.3 maze_QL.py の実行結果

```
Episode:    0, Step:  0, R: -1
Episode:    1, Step:  3, R: -1
 (中略)
Episode:   27, Step: 99, R:  0
 (中略)
Episode: 998, Step:  7, R:  1
Episode: 999, Step:  7, R:  1
1 [1, 1] [2]
2 [2, 1] [2]
3 [3, 1] [1]
4 [3, 2] [1]
5 [3, 3] [2]
6 [4, 3] [2]
7 [5, 3] [1]
8 [5, 4] [1]
[[0 0 0 0 0 0 0]
 [0 3 0 1 1 1 0]
 [0 3 0 1 0 1 0]
 [0 3 3 3 1 1 0]
 [0 1 0 3 0 0 0]
 [0 1 0 3 3 2 0]
 [0 0 0 0 0 0 0]]
```

Rは報酬を表し，-1は壁にぶつかった，1はゴールに到達した，0は壁にぶつからずゴールもせずに設定した回数だけ移動したことを表しています。Stepは移動した回数です。例えば，最初はいきなり壁にぶつかっていますが (Step:0, R:-1)，Stepが大きくなっていることから徐々に移動できる範囲が大きくなっていることがわかります。その後，設定回数まで壁にぶつからずに移動するようになります (Step:99, R:0)。最後のエピソードでは最短の移動でゴールに到達しています (Step:7, R:1)。

「1 [1, 1] [2]」は1回目の行動時に (1,1) の位置にいるとき2番（下方向）の行動を表し，ゴールに到達するまでの行動手順が表示されます．

最後に，エージェントが迷路を移動した部分に3が表示され，実際に移動できていることが確認できるようになっています。今回の学習では最短経路でゴールできていることがわかります．

3.8.3 プログラムの説明

ネズミ学習問題のプログラム（skinner_QL.py）を基にして迷路問題を扱うように変更したプログラムを**リスト 3.3** に示します．大きな違いは状態をスカラー値（単なる値）から 2 次元の座標にした点です．

リスト 3.3 迷路探索問題：maze_QL.py

```python
import numpy as np

class MyEnvironmentSimulator():  #シミュレータクラスの設定
  def __init__(self):
    self._maze = np.loadtxt('maze7x7.txt', delimiter=',', dtype='int32')
    self.reset()
#初期化
  def reset(self):
    self._state = [1,1]
    return np.array(self._state)
#行動による状態変化
  def step(self, action):
    reward = 0
    if action == 0:     #上に移動
      self._state[0] = self._state[0] - 1
    elif action == 1:   #右に移動
      self._state[1] = self._state[1] + 1
    elif action == 2:   #下に移動
      self._state[0] = self._state[0] + 1
    else:               #左に移動
      self._state[1] = self._state[1] - 1
    b = self._maze[self._state[0], self._state[1]]
    if b == 0:
      reward = -1
    elif b == 1:
      reward = 0
    elif b == 2:
      reward = 1
    return np.array(self._state), reward

class MyQTable():  #Q値の設定
  def __init__(self):
    self._Qtable = np.zeros((4, 7, 7))
#行動の選択
```

```
35    def get_action(self, state, epsilon):
36      if epsilon > np.random.uniform(0, 1):  #ランダム行動
37        next_action = np.random.choice([0, 3])
38      else:  #Q値に従った行動
39        a = np.where(self._Qtable[:,state[0],state[1]]==self._
    Qtable[:,state[0],state[1]].max())[0]
40        next_action = np.random.choice(a)
41      return next_action
42  #Q値の更新
43    def update_Qtable(self, state, action, reward, next_state):
44      gamma = 0.9
45      alpha = 0.5
46      next_maxQ=max(self._Qtable[:,next_state[0],next_state[1]])
47      self._Qtable[action, state[0], state[1]] = (1 - alpha) * self._Qtable[action,
    state[0], state[1]] + alpha * (reward + gamma * next_maxQ)
48      return self._Qtable
49
50  def main():
51    num_episodes = 1000      #総エピソード回数
52    max_number_of_steps =100  #各エピソードの行動数
53    epsilon = np.linspace(start=0.0, stop=0.0, num=num_episodes)  #徐々に最適行動
    のみをとる、ε-greedy法
54    env = MyEnvironmentSimulator()
55    tab = MyQTable()
56    for episode in range(num_episodes):  #エピソード回数分繰り返す
57      state = env.reset()
58      episode_reward = 0
59      for t in range(max_number_of_steps):  #各エピソードで行う行動数分繰り返す
60        action = tab.get_action(state, epsilon[episode])  #行動の決定
61        next_state, reward = env.step(action)  #行動による状態変化
62        q_table = tab.update_Qtable(state, action, reward, next_state)  #Q値の更新
63        state = next_state
64        if reward!=0:
65          break
66      print(f'Episode:{episode:4.0f}, Step:{t:3.0f}, R:{reward:3.0f}')
67    np.savetxt('Qvalue.txt', tab._Qtable.reshape(4*7*7))
68
69  #移動できているかのチェック
70    state = [1,1]
71    maze = np.loadtxt('maze7x7.txt', delimiter=',', dtype='int32')
72    for t in range(100):  #試行数分繰り返す
73      maze[state[0], state[1]]=3
```

```
74    action = np.where(tab._Qtable[:,state[0],state[1]]==tab._
   Qtable[:,state[0],state[1]].max())[0]
75      print(t+1, state, action)
76      if action == 0:    #上
77        state[0] = state[0] - 1
78      elif action == 1:  #右
79        state[1] = state[1] + 1
80      elif action == 2:  #下
81        state[0] = state[0] + 1
82      else:              #左
83        state[1] = state[1] - 1
84      if maze[state[0], state[1]]==2:
85        break
86    print(maze)
87
88 if __name__ == '__main__':
89    main()
```

まず，np.loadtxt 関数で 7 × 7 の迷路を読み込んでいます（5 行目）．迷路はカンマ区切りテキストで以下のように保存されています．

```
0,0,0,0,0,0,0
0,1,0,1,1,1,0
0,1,0,1,0,1,0
0,1,1,1,1,1,0
0,1,0,1,0,0,0
0,1,0,1,1,2,0
0,0,0,0,0,0,0
```

状態はエージェントの座標として与えます．例えば，reset 関数では self._state = [1,1] として初期位置を与えます．それに伴い，Q 値は 3 次元（行動，状態の座標）となりますので，self._Qtable = np.zeros((4, 7, 7)) として設定します．

なお，状態は配列として設定するため，戻り値は return np.array(self._state) のように NumPy 形式にする必要があります．

学習の仕方はネズミ学習問題とほぼ同じですが，壁に移動したときやゴール移動したときは報酬がそれぞれ-1 と 1 になることを利用して，報酬が 0 以外の場

合はエピソードを終了するように64行目のif文で設定しています.

　最後に手順と移動軌跡を表示する部分（69行目以降）があります．もっと短く書く方法もありますが，行っていることをわかりやすくするためにあえてこのように書いています．Qラーニングでは状態を入力したときに最も大きいQ値となる行動が選択されます．74行目の action = np.where(…)[0] の部分で得ています．そして，その行動に従って移動しています．これを繰り返すことで，スタート位置からゴール位置までの手順が表示されるとともに，迷路に3という軌跡を書き込んで軌跡を表示しています.

　また，今回はQ値が3次元の値になりますので，ファイル出力する際に1次元に直しています[注6].

◉ 3.8.4　再開方法とテスト

　再開方法とテストは3.7節で説明した方法と同じです．出力したQ値が1次元の値となっているため，Q値を読み込む際に以下のように3次元に戻しています（maze_QL_load.py，maze_QL_test.py）.

```
#self._Qtable = np.zeros((4, 7, 7))
qt = np.loadtxt('Qvalue.txt')
self._Qtable = qt.reshape(4, 7, 7)   #3次元の値に
```

注6　NumPyのsavetxt関数が2次元までしか対応していないためです．ほかの方法を使えば3次元の値も出力できます.

第4章

深層強化学習

4.1 深層強化学習とは

　本章では，いよいよ深層強化学習を取り上げます．深層強化学習は，深層学習（第2章）と強化学習（第3章）を組み合わせたものです．よく利用されるのは強化学習の一種であるQラーニングに深層学習を用いたもので，本書でもこのQラーニングと深層学習の組合せを主に説明します．

　深層学習はディープラーニングとも呼ばれ，ディープラーニングはニューラルネットワークの層を深くしたものです．それにQラーニングを組み合わせたものなのでディープQネットワークと呼ばれ，これを略してDQN（Deep Q-Network）と表されることがよくあります．本書ではこのように，Qラーニングに深層学習の考え方を取り入れたディープQネットワークについて説明します．

　深層学習とQラーニングのイメージをつかめていれば，ディープQネットワークの原理はさほど難しくありません．Qラーニングと深層強化学習の概念を**図 4.1** と**図 4.2** に示します．

図4.1 Qラーニングの概念

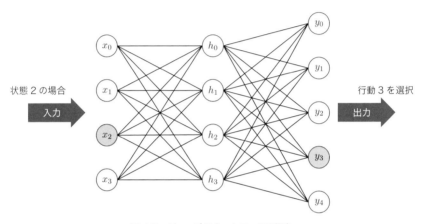

図4.2 ディープQネットワークの概念

　Qラーニングでは図4.1に示すように，状態に対するQ値が書かれた表があり，その状態の中で最もQ値の高い行動を選択することを行っていました．例えば図4.1では，状態2のとき，行動3のQ値は2，それ以外の行動のQ値は1となっていますので，Q値が最も大きい行動3を選択するという具合です．そして，このQ値の表を学習により更新していくというものでした．

　これに対して，ディープQネットワークは図4.2に示すように，状態に対して行動をニューラルネットワークで決めるというものになります．例えば図4.2では，状態2を入力するとニューラルネットワークの答えとして行動3が出力されるという具合です．つまりディープQネットワークは，QラーニングのQ値のテーブルをニューラルネットワークで構築しようというものになります．

　例えば，ネズミ学習問題では**表4.1**の関係性をニューラルネットワークで実現するだけになります．この表ではxが状態，yが次の行動を表しています．この

ように「入出力関係が明確であれば」，とても簡単に実現できてしまいます．

表 4.1　ネズミ学習問題の入出力関係

状態 x	次の行動 y
0	0
1	1

　この問題を深層強化学習で学習するときの難しさは，「入出力関係が明確でない」ところにあります．例えば，状態 0（電源 OFF）の状態では電源ボタンを押せばよいのか商品ボタンを押せばよいのかは押してもわからず，その後，電源がON になった状態で商品ボタンが押されるとやっと報酬がもらえるためです．しかしながら，このように入出力関係を明確に与えずに報酬を与える方法により，機械が試行錯誤しながらよりよい行動を自ら獲得するようになります．

　以降では深層強化学習の説明に入りますが，深層強化学習では，うまく学習ができなかったり，学習を実行するたびに異なる挙動のエージェントが学習されたりと学習が安定しないことがあります．その場合には，ネットワーク構造や学習パラメータの設定を試行錯誤して試してみてください．

　また，TF-Agents の公式ホームページ[注1]に使い方が説明されています．プログラミングの参考になりますので参照してください．

　それでは，深層強化学習を学んでいきましょう．

4.2　深層強化学習の学習手順

　強化学習の学習手順を 3.2 節で説明しました．おさらいのため，簡単に示すと「エージェントが環境の状態を観測し，それに合わせて行動して，その結果環境が変わり，報酬がもらえる」といった一連の動作を繰り返すことで賢くなる方法でした．そして，賢くなるために，「行動前の状態，行動，行動後の状態＋報酬」の 3 つをセットにしてたくさん覚えておき，それを用いて学習するといったものでした．

　深層強化学習では，「たくさんのデータを覚える（集める）」ことと「それを学習すること」が重要となります．

注 1　https://www.tensorflow.org/agents?hl=ja

TensorFlow（TF-Agents）では**図4.3**に示す手順で学習が行われます．ここで
はその手順を簡単に説明しますが，初めて読んだときにはほとんど理解できない
と思います．しかしながら，これを知っている状態で，本書を読みながら対応付
けていくことで，徐々に理解が深まります．ここでは英語表記が混じっています
が，深層強化学習のプログラム中の関数名と対応がありますので，あえて英語で
の表記を残しています．

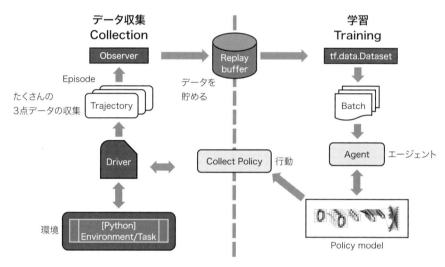

図4.3 TF-Agentsを用いた学習手順

　図4.3の左側がデータを集める部分，右側が学習する部分です．

　左下に環境，右側にエージェントがあります．ニューラルネットワークの学習
では，まず，Replay bufferに貯められている行動や報酬などのデータをtf.data.
Datasetと呼ばれる形式に変換し，そこからミニバッチを作成します（「Batch」の
ブロックの部分）．このミニバッチを用いてPolicy modelが学習されます．Collect
Policyでは，このPolicy modelを基にして行動を選びます．選ばれた行動は
Driverを通じて環境に対して行動を起こし，報酬や次の状態を得ます．それらを
Trajectoryというデータ形式にして，Observerを通してReplay bufferに貯めて
いきます．そして，Replay bufferからミニバッチを生成，学習していくという一連
の処理が繰り返されていきます．

4.3 ネズミ学習問題への適用

できるようになること 簡単な問題をディープ Q ネットワークで解く
使用プログラム skinner_DQN.py

第3章では強化学習を使ってネズミ学習問題（スキナーの箱）を学習する方法を説明しました．本節では，同じ問題を深層強化学習で実現します．

簡単なプログラムを作ることで，深層強化学習の仕組みを説明します．以降では，これを応用していろいろなプログラムを作っていきますので，しっかり理解しておくことは重要です．

Q ラーニングとディープ Q ネットワークの大きな違いは，Q ラーニングには Q 値を更新する式がありましたが，ディープ Q ネットワークにはそれがないという点です．Q 値を人間が作るのではなく，ニューラルネットワークで自動的に学習しようという点が異なります．

4.3.1 プログラムの実行

説明はこの後で行いますが，まずは実行してみましょう．skinner_DQN.py があるディレクトリで次のコマンドを実行します．

実行：python（Windows），python3（Linux, Mac, RasPi）

```
$ python skinner_DQN.py
```

実行後は**ターミナル出力 4.1** のように表示されます．これは Q ラーニングのときと同様に，5行連続で書かれている行の数字は左が状態，中央が行動，右が報酬を表し，5回の行動をとった履歴を表しています．そして，Episode の後ろはエピソードの回数，R の後ろは5回の行動で得た合計の報酬を表しています．AL と PE はそれぞれネットワークの誤差値の平均値（Average Loss），policy _epsilon 変数に設定したランダムに行動する確率を表しています．

なお，5回行動したときの最大報酬は最初の行動で電源ボタンを押す必要があるため，4です．

ターミナル出力 4.1 skinner_DQN.py の実行結果

```
[0] 1 0
[0] 1 0
[0] 1 0
[0] 0 0
[1] 0 0
Episode:   1, R:  0, AL:0.1248, PE:1.000000
[0] 0 0
[1] 0 0
[0] 0 0
[1] 1 1
[1] 0 0
Episode:   2, R:  1, AL:0.0605, PE:0.990000
[0] 0 0
[1] 1 1
[1] 1 1
[1] 1 1
[1] 0 0
Episode:   3, R:  3, AL:0.0421, PE:0.980000
 (中略)
[0] 0 0
[1] 1 1
[1] 1 1
[1] 1 1
[1] 1 1
Episode: 100, R:  4, AL:0.0005, PE:0.000000
```

1回目のエピソードは報酬が得られませんでした.

以下に報酬が得られた2回目のエピソードを順に書き出しました.

- 1回目の行動：電源 OFF ([0]) で電源ボタンを押す (0) → 報酬は 0
- 2回目の行動：電源 ON ([1]) で電源ボタンを押す (0) → 報酬は 0
- 3回目の行動：電源 OFF ([0]) で電源ボタンを押す (0) → 報酬は 0
- 4回目の行動：電源 ON ([1]) で商品ボタンを押す (1) → 報酬は 1
- 5回目の行動：電源 ON ([1]) で電源ボタンを押す (0) → 報酬は 0

2回目のエピソードでは4回目の行動で報酬を得ています．3回目のエピソードでは報酬を3回得ています．

徐々に動作を学習していき，100回目のエピソードでは1回目の行動で電源ボタ

ンを押し，2回目以降の行動ではすべて商品ボタンを押すことで最大報酬 (4) を
得ています．

　ここでは 100 回のエピソードで最大報酬が得られました．プログラム再度実行
すると，初期値が変わり異なる学習となります．その場合は最大報酬が得られな
いことがあります．

　これは，プログラムが間違っているのではありません．パラメータの調整に
よって，うまくいったりいかなかったりします．そして，その調整は何度も行い
ながら感覚的に身につける必要があります．これは深層強化学習の難しいところ
です．

◉ **4.3.2** **プログラムの説明**

　プログラムのフローチャートは**図 4.4** のようになっています．これは第 3 章の
強化学習のフローチャートに似ています．

　まず，学習に入る前に環境の設定に相当するシミュレータの設定を行います．
次に，行動の設定に相当するネットワークの設定を行います．Q ラーニングの場
合は Q 値から行動を求めていましたが，深層強化学習ではネットワークでそれを
行います．そして，深層強化学習では学習用データの扱いが重要となりますので，
これをその他の設定の部分でを行います．行動と学習を 5 回繰り返したら 1 エピ
ソードが終了です．

　では，プログラムの重要となる部分を順に説明していきます．プログラムは第
3 章の強化学習のリスト 3.1（ネズミ学習問題を Q ラーニングで解いたプログラ
ム）を基に，第 2 章の深層学習で説明したリスト 2.1 を合わせて作ります．**リス
ト 4.1** に示します．

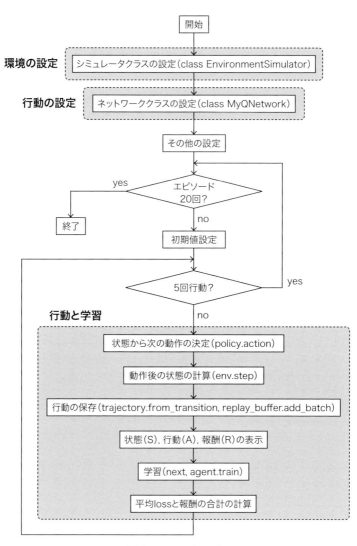

図4.4 フローチャート

リスト4.1 ネズミ学習問題のディープQネットワーク版：skinner_DQN.py

```
1  import tensorflow as tf
2  from tensorflow import keras
3
4  from tf_agents.environments import gym_wrapper, py_environment, tf_py_environment
5  from tf_agents.agents.dqn import dqn_agent
```

```
 6  from tf_agents.networks import network
 7  from tf_agents.replay_buffers import tf_uniform_replay_buffer
 8  from tf_agents.policies import policy_saver
 9  from tf_agents.trajectories import time_step as ts
10  from tf_agents.trajectories import trajectory
11  from tf_agents.specs import array_spec
12  from tf_agents.utils import common
13  from tf_agents.drivers import dynamic_step_driver, dynamic_episode_driver
14
15  import numpy as np
16  import random
17
18  class EnvironmentSimulator(py_environment.PyEnvironment):  #シミュレータクラスの設定
19    def __init__(self):
20      super(EnvironmentSimulator, self).__init__()
21      self._observation_spec = array_spec.BoundedArraySpec(
22          shape=(1,), dtype=np.int32, minimum=0, maximum=1
23      )
24      self._action_spec = array_spec.BoundedArraySpec(
25          shape=(), dtype=np.int32, minimum=0, maximum=1
26      )
27      self._reset()
28    def observation_spec(self):
29      return self._observation_spec
30    def action_spec(self):
31      return self._action_spec
32  #初期化
33    def _reset(self):
34      self._state = 0
35      return ts.restart(np.array([self._state], dtype=np.int32))
36  #行動による状態変化
37    def _step(self, action):
38      reward = 0
39      if self._state == 0:    #電源OFFの状態
40        if action == 0:       #電源ボタンを押す
41          self._state = 1     #電源ON
42        else:                 #行動ボタンを押す
43          self._state = 0     #電源OFF
44      else:                   #電源ONの状態
45        if action == 0:
46          self._state = 0
47        else:
```

```
48        self._state = 1
49        reward = 1        #報酬が得られる
50      return ts.transition(np.array([self._state], dtype=np.int32), reward=reward,
   discount=1)   #TF-Agents用の戻り値の生成
51
52  class MyQNetwork(network.Network):   #ネットワーククラスの設定
53    def __init__(self, observation_spec, action_spec, n_hidden_channels=2,
   name='QNetwork'):
54      super(MyQNetwork, self).__init__(
55        input_tensor_spec=observation_spec,
56        state_spec=(),
57        name=name
58      )
59      n_action = action_spec.maximum - action_spec.minimum + 1
60      self.model = keras.Sequential(
61        [
62          keras.layers.Dense(n_hidden_channels, activation='tanh'),
63          keras.layers.Dense(n_hidden_channels, activation='tanh'),
64          keras.layers.Dense(n_action),
65        ]
66      )
67    def call(self, observation, step_type=None, network_state=(), training=True):
68      actions = self.model(observation, training=training)
69      return actions, network_state
70
71  def main():
72  #環境の設定
73    env_py = EnvironmentSimulator()
74    env = tf_py_environment.TFPyEnvironment(env_py)
75  #ネットワークの設定
76    primary_network = MyQNetwork( env.observation_spec(), env.action_spec())
77  #エージェントの設定
78    n_step_update = 1
79    agent = dqn_agent.DqnAgent(
80      env.time_step_spec(),
81      env.action_spec(),
82      q_network=primary_network,
83      optimizer=keras.optimizers.Adam(learning_rate=1e-2, epsilon=1e-2),
84      n_step_update=n_step_update,
85      epsilon_greedy=1.0,
86      target_update_tau=1.0,
87      target_update_period=10,
```

```
 88      gamma=0.9,
 89      td_errors_loss_fn = common.element_wise_squared_loss,
 90      train_step_counter = tf.Variable(0)
 91    )
 92    agent.initialize()
 93    agent.train = common.function(agent.train)
 94  #行動の設定
 95    policy = agent.collect_policy
 96  #データの保存の設定
 97    replay_buffer = tf_uniform_replay_buffer.TFUniformReplayBuffer(
 98      data_spec=agent.collect_data_spec,
 99      batch_size=env.batch_size,
100      max_length=10**6
101    )
102    dataset = replay_buffer.as_dataset(
103      num_parallel_calls=tf.data.experimental.AUTOTUNE,
104      sample_batch_size=32,
105      num_steps=n_step_update+1
106    ).prefetch(tf.data.experimental.AUTOTUNE)
107    iterator = iter(dataset)
108  #事前データの設定
109    env.reset()
110    driver = dynamic_step_driver.DynamicStepDriver(
111      env,
112      policy,
113      observers=[replay_buffer.add_batch],
114      num_steps = 100,
115    )
116    driver.run(maximum_iterations=100)
117
118    num_episodes = 100
119    epsilon = np.linspace(start=1.0, stop=0.0, num=num_episodes+1)   #ε-greedy法用
120    tf_policy_saver = policy_saver.PolicySaver(policy=agent.policy)   #ポリシーの保存設定
121
122    for episode in range(num_episodes+1):
123      episode_rewards = 0                    #報酬の計算用
124      episode_average_loss = []              #lossの計算用
125      policy._epsilon = epsilon[episode]     #エピソードに合わせたランダム行動の確率
126      time_step = env.reset()                #環境の初期化
127
128      for t in range(5):   #各エピソード5回の行動
129        policy_step = policy.action(time_step)           #状態から行動の決定
```

```
130        next_time_step = env.step(policy_step.action)  #行動による状態の遷移
131
132        traj = trajectory.from_transition(time_step, policy_step, next_time_step)  #デ
    ータの生成
133        replay_buffer.add_batch(traj)  #データの保存
134
135        experience, _ = next(iterator)  #学習用データの呼び出し
136        loss_info = agent.train(experience=experience)  #学習
137
138        S = time_step.observation.numpy().tolist()[0]    #状態
139        A = policy_step.action.numpy().tolist()[0]       #行動
140        R = next_time_step.reward.numpy().astype('int').tolist()[0]   #報酬
141        print(S, A, R)
142        episode_average_loss.append(loss_info.loss.numpy())  #lossの計算
143        episode_rewards += R  #報酬の合計値の計算
144
145        time_step = next_time_step  #次の状態を今の状態に設定
146
147      print(f'Episode:{episode:4.0f}, R:{episode_rewards:3.0f}, AL:{np.mean(episode_
    average_loss):.4f}, PE:{policy._epsilon:.6f}')
148
149    tf_policy_saver.save(export_dir='policy')  #ポリシーの保存
150    env.close()
151
152 if __name__ == '__main__':
153    main()
```

1. ライブラリのインポート

　深層強化学習には TF-Agents を用います．そのため，深層学習用にインポートした tensorflow のライブラリのほかに 4〜13 行目で tf_agents のライブラリをインポートします．

2. シミュレータクラスの設定

　TF-Agents ではシミュレーションクラスとして py_environment.PyEnvironment を継承した EnvironmentSimulator を使います[注2]．設定するメソッドは 5 つあり，3 つは Q ラーニングでも設定したメソッド（init, reset, step）で，2 つは設定値

注2　クラスの名前は自由につけることができます．

を戻すだけのメソッド（observation_spec, action_spec）です．

それぞれについてみていきます．

__init__ メソッド

__init__ メソッドは最初に呼ばれるメソッドです．状態のサイズの設定（self._observation_spec）と行動のサイズ（self._action_spec）の設定を行います．そして，必要に応じて _reset メソッドを呼び出したり，その他の初期化に必要な設定を行います．

_reset メソッド

_reset メソッドは変数の初期化のためのメソッドです．メソッド名にアンダースコア（アンダーバー）をつける点に注意してください．戻り値を深層強化学習用にするために，ts.restart 関数を用いる点に注意が必要です．

_step メソッド

_step メソッドは行動によって状態がどのように変化するかを書きます．これは，リスト3.1 のQラーニングで行ったネズミ学習問題とほぼ同じです．これもメソッド名に最初にアンダースコアが必要です．異なる点は ts.transition 関数を用いる点です[注3]．

observation_spec メソッドと action_spec メソッド

ここでは設定値を戻すだけのメソッドです．

3.　ネットワーククラスの設定

この部分が深層強化学習のポイントになります．Qラーニングでは Q値による行動選択と Q値の更新を行っていた部分になります．設定するメソッドは2つあります．

__init__ メソッド

__init__ メソッドでは，選択できる行動の数（n_action）の設定と，ネットワークの設定を行っています．ネットワークの設定はリスト2.1 の OR を解く問題と同様です．ここでは，2層の Dense 層を中間層として用い，ノードはともに2つに設定しています．ここで重要な点として，活性化関数に tanh を用いる点です．深層学習では活性化関数として ReLU を用いていました

注3　状態によって学習が終了する場合（倒立振子が倒れた場合，迷路探索でゴールした場合やリバーシで勝った（負けた）場合 ts.termination 関数を用います

が，深層強化学習ではマイナスの値を扱ったほうがうまくいく場合が多くあります．そのため，tanh を用いることをお勧めします．

call メソッド

行動を出力する部分に相当します．この関数は，この本ではほぼ変更することはありません．

4. その他の設定

深層強化学習はできることがたくさんあるため，深層学習や強化学習に比べて設定が多くあります．最初の説明ですので，細かく説明していきます．この後はこの設定をほぼ使いまわします．最初に乗り越えるべき大変な点ですが，読み流して深層強化学習がわかってきてから，もう一度読み直してもよいかと思います．

73，74 行目ではシミュレータクラスのオブジェクトの設定を行っています．ここでは，TF-Agents 用に変換するために tf_py_environment.TFPyEnvironment を用います．強化学習でも同様に設定しました．

76 行目はネットワーククラスのオブジェクトを作成しています．これは強化学習では Q 値に関するオブジェクトですが，設定手順としては同様です．

79〜93 行目では DQN（ディープ Q ネットワーク）で学習するための設定を行っています．これは深層強化学習特有の設定です．DQN の設定項目は多くありますが，重要となる 5 つを説明します．

optimizer

最適化関数を設定していて，ここでは Adam としています[注4]．

n_step_update

Q ネットワークを更新する頻度です．

target_update_tau

Q ネットワークを更新する頻度を設定する係数です．

target_update_period

Q ネットワークを更新する際に，ここで設定したステップ数前のネットワークを使って更新します．ここでは，過去の行動の行動価値をターゲットとして学習します．学習を安定化させるためにこのような学習方法がとられます（fixed target Q-Network と呼ばれる工夫です）．

注4　詳しくは，https://github.com/tensorflow/agents を参照してください．

gamma

式 (3.1) の γ（割引率）に相当する値です.

95 行目はポリシー（方策）と呼ばれるエージェントの行動の設定です.
ポリシーにはいろいろありますがその一部を**表 4.2** に示します.

表 4.2 設定できる代表的なポリシー

ポリシー	意味
collect_policy	データを収集するときに使う方策
policy	学習後に使う方策
random_tf_policy.RandomTFPolicy	ランダムに行動するための方策
q_policy.QPolicy	Q 値に従った方策

97～107 行目では学習データの設定を行っています．ここで説明する関数名は
図 4.3 の学習手順に登場します．これも深層強化学習特有の設定です．深層強化
学習では行動をしてからすぐに行動の良し悪しがわかるわけではなく，一連の動
作の後に行動の良し悪しがわかります．そこで，良い（悪い）行動を行った直後
にすぐにネットワークを更新するのではなく，いくつか行動をためてから学習す
るため，学習データの保存が重要となります.

データの設定は 2 つの部分に分かれています．1 つは，一連の行動の保存と取
り出しに関する部分で，97 行目の replay_buffer の部分で行っています．ここで
用いた，TFUniformReplayBuffer 関数は，保存しているすべてのデータががすべ
て等しい確率で取り出されるように設定する関数です．なお，保存されたデー
タを選ぶほかの方法として，EpisodicReplayBuffer 関数があります[注5]．また，引
数の中の batch_size は深層学習の学習を効率的に行うための変数で，この値を
変えるとうまく学習できることがあります[注6]．もう 1 つは，102 行目の replay_
buffer.as_dataset 関数は replaybuffer オブジェクトを，いくつかまとめて深層
学習用の tf.data.Dataset というオブジェクトに整形します.

110～116 行目の driver は，シミュレーションが始まる前に決まった数の行動を
行ったときのデータを事前に保存しておく部分です．ここでは，DynamicStepDriver

注5 Chainer 版ではデータに優先順位をつけて選ぶ PrioritizedReplayBuffer や PrioritizedEpisodic
ReplayBuffer といった方法も実装されています．TensorFlow 版は今後に期待です.
注6 深層学習のスクリプトをたくさん作るうちにいくつくらいにすればよいか感覚的にわかる，設定の
難しい値です.

関数で設定しています．学習のためのデータ「行動前の状態，行動，行動後の状態＋報酬」といった 3 点セットのデータを num_steps で設定した回数の行動を繰り返し行って集めています．問題によってはその回数の行動がうまく行われないことがありますので，maximum_iterations=100 とすることで事前に行うデータ収集の動作に制限を設けて，設定した行動回数が行われなくても繰り返しが終了するようにしています．なお，似た関数に DynamicEpisodeDriver 関数があります．これは行動の数ではなく，エピソードの数を決めて事前のデータ収集を行う処理です．この後の節で紹介します．

5. 行動とネットワークの更新

　118 行目では繰り返すエピソード数（この例では num_episodes=100 回）を決めています．ディープ Q ネットワークでも強化学習と同じように ε-greedy 法のための epsilon を設定する必要があります．ここでは，119 行目に示すように関数として設定しています．最初は 1.0（完全にランダムで行動が選ばれる）とし，最後が 0.0（ランダムな行動を取らない）となるように少しずつ小さくしています．

　122 行目の for 文は設定したエピソード回数だけ行動を繰り返します．

　123～126 行目では報酬と loss の初期化，epsilon の設定と env.reset による変数の初期化を行っています．

　128 行目の for 文で 5 回の行動を繰り返します．この中で行っていることは強化学習に似ています．まず，policy.action で状態から行動を決めます（129 行目）．次に，env.step で行動を行った後の状態を求めます（130 行目）．その次が深層強化学習特有の部分で，状態と行動の対を学習データに追加します（132, 133 行目）．

　135, 136 行目で学習を行います．まず，next(iterator) とすることで学習に用いる複数のエピソードを取り出し，agent.train で学習を行っています．

　138～143 行目は状態など学習状態を表示するための部分ですので，削除しても動作します．

　そして，147 行目で設定した行動の回数だけ行動すると，エピソード数，報酬，平均 Loss，現在の epsilon の値を表示させています．

6. ポリシーの保存

　ポリシーとは深層学習のモデルに相当するファイル群です．これを読み込むことにより，学習済みのエージェントを実現できます．120 行目で設定し，149 行目

で出力しています．この学習済みポリシーは 4.3.3 項で利用します．

◉ **4.3.3 学習済みポリシーを用いたテスト**

> **できるようになること** 保存したエージェントモデルを用いてテスト
> **使用プログラム** skinner_DQN_test.py

深層学習の学習済みモデルのように，深層強化学習でも学習済みポリシーを読み込むことができます．これにより，学習結果を呼び出して使うことができるので，学習後の行動でエージェントを行動させることができます．例えば，後ほど出てくる対戦ゲームに使うことで，学習で強くなったエージェントと対戦することもできます．ただし，学習を再開するために用いることには適しません．ここでは，リスト 4.1 に示したプログラムで生成された学習ポリシーを使う方法を説明します．

学習済みポリシーを読み込むためには**リスト 4.2** を実行することで行えます．学習後の policy は tf.compat.v2.saved_model.load 関数で読み込みます．

学習済みエージェントモデルも含めて読み込むため，ネットワーククラスを設定する必要はありません．そして，学習を行わないため，学習データの保存に関する部分も削除できます．さらに，リスト 4.1 で行った for 文中で行動と学習の繰り返しのうちの学習に関する部分を削除できます．実行すると報酬として 4 を得ることができます．例えば，初期状態を 1（電源 ON の状態）として環境を変えても，それに対応して報酬 5 が得られます．繰り返しの回数を 10 にすると報酬として 9 を得ることができます．

リスト 4.2 ネズミ学習問題のディープ Q ネットワーク版のポリシーを読み込んでテスト：skinner_DQN_ test.py

```
1  class EnvironmentSimulator(py_environment.PyEnvironment):
2    (リスト4.1と同じ)
3
4  def main():
5  #環境の設定
6    env_py = EnvironmentSimulator()
7    env = tf_py_environment.TFPyEnvironment(env_py)
8  #行動の設定
9    policy = tf.compat.v2.saved_model.load(os.path.join('policy'))
```

```
10
11    episode_rewards = 0      #報酬の計算用
12    time_step = env.reset()  #環境の初期化
13    for t in range(5):  #5回の行動
14      policy_step = policy.action(time_step)        #状態から行動の決定
15      next_time_step = env.step(policy_step.action)  #行動による状態の遷移
16        (状態と報酬の表示)
17      time_step = next_time_step
18    print(f'Rewards:{episode_rewards}')
19
20  if __name__ == '__main__':
21    main()
```

4.3.4 学習の再開方法

使用プログラム skinner_DQN_checkpointer_save.py, skinner_DQN_checkpointer_restart.py

最後に，学習を再開する方法を示します．4.3.3項のポリシーを用いる場合は行動に関するデータだけが読み込まれましたが，本項の方法はreplay_bufferなどに保存されている学習データも読み込まれる点が異なります．

まず，再開用ファイルを生成するには**リスト4.3**の1〜8行目のチェックポイントに関する設定をエピソードの繰り返しを行う直前に追加します．そして，リスト4.3の11，12行目で10エピソードごとにtrain_checkpointer.save関数により保存します．実行すると，プログラム（skinner_DQN_checkpointer_save.py）と同じディレクトリにcheckpointerフォルダが生成されます．

リスト4.3 ネズミ学習問題のディープQネットワーク版の再開用ファイルの出力：skinner_DQN_
checkpointer_save.py

```
1    train_checkpointer = common.Checkpointer(
2        ckpt_dir='checkpointer',
3        max_to_keep=1,
4        agent=agent,
5        policy=agent.policy,
6        replay_buffer=replay_buffer,
7        global_step=agent.train_step_counter
8    )
9    for episode in range(num_episodes+1):
```

```
10   （中略）
11        if episode%10==0:
12            train_checkpointer.save(global_step=agent.train_step_counter)
```

次に，再開用ファイルを読み込むには**リスト 4.4** のチェックポイントに関する
設定の後，train_checkpointer.initialize_or_restore 関数を実行します．さら
に，再開用ファイルには replay_buffer が含まれていますので，driver の部分は
削除します．読み出し用のプログラムは生成した checkpointer ディレクトリと同
じディレクトリで実行する必要があります．

リスト 4.4 ネズミ学習問題のディープ Q ネットワーク版の再開：skinner_DQN_checkpointer_restart.py

```
 1   #  driver = dynamic_step_driver.DynamicStepDriver(   #削除
 2   #     env,
 3   #     policy,
 4   #     observers=[replay_buffer.add_batch],
 5   #     num_steps = 100,
 6   #  )
 7   #  driver.run(maximum_iterations=100)
 8
 9     train_checkpointer = common.Checkpointer(
10       ckpt_dir='checkpointer',
11       max_to_keep=1,
12       agent=agent,
13       policy=agent.policy,
14       replay_buffer=replay_buffer,
15       global_step=agent.train_step_counter
16     )
17     train_checkpointer.initialize_or_restore()
```

4.4　迷路問題への適用

できるようになること　少し難しくした問題をディープ Q ネットワークで解く

使用プログラム　make_maze.py, maze_DQN.py

　4.3 節ではネズミ学習問題を深層強化学習へ適用しました．この問題は状態と
行動がともに 0 と 1 だけの簡単な問題でした．

この節では 3.8 節で扱った迷路を自動的に解く「迷路探索問題」を対象とします．ここでは 3 つのことを学びます．

- 迷路そのものを状態とし，4 方向の行動を選択することを畳み込みニューラルネットワーク（CNN）を用いて解く
- 報酬が得られたら，終了して再スタートするように学習の方法を変更
- driver（事前データの設定）をエピソード単位に変更

特に，後半 2 つについては高度な処理を行う上で重要な設定となります．複雑な問題に適用することでレベルアップを図ります．

なお，問題設定は 3.8 節と同じです．

◉ 4.4.1 プログラムの実行

まずは，プログラムを実行してみます．実行すると 3.8 節の maze_QL.py を実行したときと同様の表示が得られます．

実行：python（Windows），python3（Linux，Mac，RasPi）

```
$ python maze_DQN.py
```

ターミナル出力 4.2 maze_DQN.py の実行結果

```
Episode:   0, Step:  0, R: -1, AL:0.1083, PE:0.200000
 (中略)
Episode: 999, Step:  7, R:100, AL:0.8163, PE:0.000200
0 2 [1, 1]
1 2 [2, 1]
2 1 [3, 1]
3 1 [3, 2]
4 2 [3, 3]
5 2 [4, 3]
6 1 [5, 3]
7 1 [5, 4]
[[0 0 0 0 0 0 0]
 [0 3 0 1 1 1 0]
 [0 3 0 1 0 1 0]
 [0 3 3 3 1 1 0]
 [0 1 0 3 0 0 0]
```

```
[0 1 0 3 3 2 0]
[0 0 0 0 0 0 0]]
```

◉ 4.4.2 プログラムの説明

このプログラム4.5は4.3節のネズミ学習問題（skinner_DQN.py）を基に，3.8節の迷路探索問題（maze_QL.py）を組み合わせて作っています．ネズミ学習問題とは異なる3つのことが行われています．特に，エピソードの終了に関する処理とdriverに関する処理はTF-Agentsを理解するうえで重要です．

リスト4.5 迷路学習問題のディープQネットワーク版：maze_DQN.py

```python
1  #シミュレータクラスの設定
2  class EnvironmentSimulator(py_environment.PyEnvironment):
3    def __init__(self):
4      super(EnvironmentSimulator, self).__init__()
5      self._observation_spec = array_spec.BoundedArraySpec(
6          shape=(7, 7, 1), dtype=np.float32, minimum=0, maximum=3
7      )
8      self._action_spec = array_spec.BoundedArraySpec(
9          shape=(), dtype=np.int32, minimum=0, maximum=3
10     )
11     a = np.loadtxt('maze7x7.txt', delimiter=',', dtype='int32')
12     self._maze = a[:,:, np.newaxis]
13     self._reset()
14   def observation_spec(self):
15     return self._observation_spec
16   def action_spec(self):
17     return self._action_spec
18  #初期化
19   def _reset(self):
20     self._state = [1, 1]
21     _maze_state = self._maze.copy()
22     _maze_state[self._state[0], self._state[1]] = 3
23     return ts.restart(np.array(self._maze_state, dtype=np.float32))
24  #行動による状態変化
25   def _step(self, action):
26     reward = 0
27     import copy
28     self._state_old = copy.copy(self._state)
```

```
29    (リスト3.3：maze_QL.pyと同じ，ただしゴールしたときの報酬が100)
30      _maze_state = self._maze.copy()
31      _maze_state[self._state[0], self._state[1]] = 3
32      if reward == 0:
33        return ts.transition(np.array(_maze_state, dtype=np.float32), reward=reward,
      discount=1)
34      else:
35        self._state = [1, 1]
36        return ts.termination(np.array(_maze_state, dtype=np.float32), reward=reward)
37  #ネットワーククラスの設定
38  class MyQNetwork(network.Network):
39    def __init__(self, observation_spec, action_spec, n_hidden_channels=2,
      name='QNetwork'):
40      super(MyQNetwork,self).__init__(
41        input_tensor_spec=observation_spec,
42        state_spec=(),
43        name=name
44      )
45      n_action = action_spec.maximum - action_spec.minimum + 1
46      self.model = keras.Sequential(
47        [
48          keras.layers.Conv2D(16, 3, 1, activation='relu', padding='same'),  #畳み込み
49          keras.layers.Conv2D(64, 3, 1, activation='relu', padding='same'),  #畳み込み
50          keras.layers.Flatten(),          #平坦化
51          keras.layers.Dense(n_action),    #全結合層
52        ]
53      )
54    def call(self, observation, step_type=None, network_state=(), training=True):
55      actions = self.model(observation, training=training)
56      return actions, network_state
57
58  def main():
59    (リスト4.1：skinner_QL.pyと同じ)
60  #事前データの設定
61    env.reset()
62    driver = dynamic_episode_driver.DynamicEpisodeDriver(
63      env,
64      policy,
65      observers=[replay_buffer.add_batch],
66      num_episodes = 10,
67    )
68    driver.run(maximum_iterations=100)
```

```
69
70   num_episodes = 1000
71   epsilon = np.linspace(start=0.2, stop=0.0, num=num_episodes+1)   #ε-greedy法用
72   tf_policy_saver = policy_saver.PolicySaver(policy=agent.policy)   #ポリシーの保存設定
73
74   for episode in range(num_episodes):
75  (リスト4.1：skinner_QL.pyと同じ)
76     for t in range(100):
77  (リスト4.1：skinner_QL.pyと同じ)
78
79       if next_time_step.is_last()[0]:
80         break
81
82       time_step = next_time_step   #次の状態を今の状態に設定
83
84     print(f'Episode:{episode:4.0f}, Step:{t:3.0f}, R:{episode_rewards:3.0f}, AL:{np.
   mean(episode_average_loss):.4f}, PE:{policy._epsilon:.6f}')
85
86   tf_policy_saver.save(export_dir='policy')
87   env.close()
88
89 #移動できているかのチェック
90   state = [1,1]
91   maze = np.loadtxt('maze7x7.txt', delimiter=',', dtype='int32')
92   time_step = env.reset()
93   for t in range(100):   #試行数分繰り返す
94     maze[state[0], state[1]]=3
95     policy_step = policy.action(time_step)
96     time_step = env.step(policy_step.action)
97     action = policy_step.action.numpy().tolist()[0]
98  (リスト3.3：maze_QL.pyと同じ)
99     if time_step.is_last()[0]:
100       break
101   print(maze)
102
103 if __name__ == '__main__':
104   main()
```

1. 迷路を状態として畳み込みニューラルネットワークで解く方法

まずは迷路そのものを畳み込みニューラルネットワークの入力とする方法の説

明をします．6行目で状態を shape=(7, 7, 1) として設定しています．ファイルか
ら読み込んだ迷路を self._maze とし（11行目），3次元となるように拡張していま
す．そして，_reset メソッドでエージェントの位置に3を書き足したものを状態
（_maze_state）として作成（21～23行目）します．このようにすることで，0～2の
数字で表した迷路にエージェントを表す3を加えた入力データとなります．

　ネットワーククラスでは畳み込み層（keras.layers.Conv2D）を用いています．
なお，今回は迷路の大きさが7×7と小さいサイズとなります．そこで，46～
52行目の畳み込み層の設定で，パディングを用いて入力サイズが変わらないよう
に畳み込みを行い，プーリング処理を行わないようにしています．エージェント
の行動は上下左右への移動であるため出力ノード数は4で，n_action で設定して
います．

2. エピソードの終了に関する処理

　もう1つのポイントはエピソードの終了に関する関する処理です．ネズミ学習
問題では for 文で設定した行動回数が終わるとエピソードが終了するようになって
いました．しかしながら，今回のように，「壁にぶつかったら終了」もしくは「ゴー
ルしたら終了」のように step メソッド内で終了を判定したい場合もあります．

　ネズミ学習問題では step メソッドの戻り値は ts.transition 関数で作成しま
した．この関数は通常エピソードを終了させないときに使う関数です．そこで，
以下のように戻り値を作る関数を使い分けます．

- エピソードを終了させない：ts.transition 関数
- エピソードを終了させる：ts.termination 関数

　このようにすることで，79行目に示したように next_time_step.is_last()[0]
を調べることで，エピソードを終了させるかどうかがわかるようになります．

3. driver に関する処理

　事前にデータを集める driver に関してもネズミ学習問題とは異なる方法を用
いています．

　ネズミ学習問題では，「dynamic_step_driver」というものを用いていました．
これは num_steps で設定した行動数だけデータを集めるという処理でした．

　迷路問題では，「dynamic_episode_driver」を用います．これは num_episodes で

設定したエピソード数に至るまでの行動データを集めるという処理になります.

　行動の数で決めた場合，問題によってはエピソードを終了させるだけのデータが集まらないことがあります．また，次節で示す倒立振子問題のように棒が倒れるような失敗動作をした場合は最初から始めたほうがよい場合があります．このような場合には，dynamic_episode_driver を用いたほうがより確実にデータを収集できます.

　しかしながら，どんなに行動してもエピソードが終了しない場合があります．迷路探索問題では，同じ場所を行ったり来たりしてしまう動作が選ばれ続けることに相当します．これを防ぐために，driver.run(maximum_iterations=100) として，最大の学習回数を設定して，エピソードが終了しなくても事前の学習データの収集を終わらせるようにしています．なお，dynamic_episode_driver を使う場合は，エピソードの終了を示すために ts.termination 関数を用いる必要があります.

　driver の設定に関してまとめると以下の違いがあります.

- 設定した行動数で事前データの収集を終わる：dynamic_step_driver
- 設定したエピソード数で事前データの収集を終わる：dynamic_episode_driver

4.5　OpenAI Gym による倒立振子

できるようになること ネズミ学習問題より少し複雑な OpenAI Gym の倒立振子問題をディープ Q ネットワークで解く

使用プログラム cartpole_DQN.py

4.5.1　プログラムの実行

　3.6 節では強化学習を用いて倒立振子の問題を扱いました．この節では同じ問題を扱い，深層強化学習を使って学習します．説明はこの後で行いますが，まずは実行してみましょう．cartpole_DQN.py があるディレクトリで次のコマンドを実行します[注7]．なお，本節のシミュレーションは RasPi では行いません.

　実行：python（Windows），python3（Linux, Mac）

注7　事前にデータを取る数を多くしているため，実行が始まるまでに少し時間がかかります．すぐに始めたい場合は num_episodes = 100 としている値を小さくしてください.

```
$ python crtpole_DQN.py
```

Qラーニングのときと同じように，10エピソードごとに第3章の図3.6に示した倒立振子のシミュレーション動画が表示されます．そして，**ターミナル出力4.3** のような表示がなされます．Rは報酬の合計を示していて，200になったときが成功です．最初は2ケタですが，200エピソードとなるころにはほぼ200が連続します．

ターミナル出力4.3 cartpole_DQN.py の実行結果

```
Episode:   0, R: 24, AL:1.3522, PE:0.500000
Episode:   1, R: 17, AL:0.9510, PE:0.250000
Episode:   2, R:  9, AL:0.7181, PE:0.166667
（中略）
Episode: 199, R:200, AL:6.5175, PE:0.002500
Episode: 200, R:200, AL:6.5257, PE:0.002488
```

AL はネットワークの誤差値の平均値，PE は policy._epsilon 変数に設定したランダムに行動する確率を示しています．AL が小さくなっていけば選択した行動が適切だったということを表していて，学習が進んでいるかどうかの目安になります．

● 4.5.2 プログラムの説明

これを実現するためのフローチャートを**図4.5**に示します．そして，これを実現するためのプログラムを**リスト4.6**に示します．

リスト4.6 倒立振子問題のディープQネットワーク版：cartpole_DQN.py

```
 1  （4.1：skinner_DQN.pyと同じ）
 2  import gym
 3  #ネットワーククラスの設定
 4  （4.1：skinner_DQN.pyと同じ，ただし中間層を50に変更）
 5
 6  def main():
 7  #環境の設定
 8    env_py = gym.make('CartPole-v0')
 9    env = tf_py_environment.TFPyEnvironment(gym_wrapper.GymWrapper(env_py))
10  （4.1：skinner_DQN.pyと同じ，ただし中間層を50に変更）
```

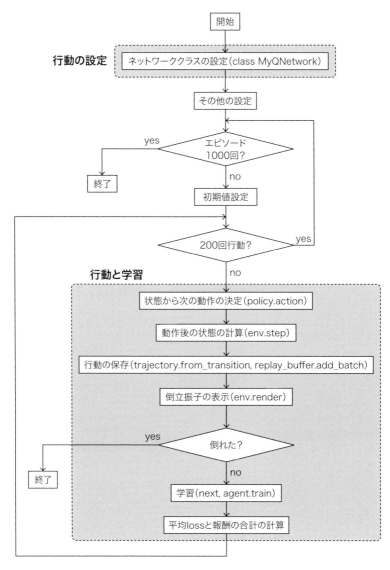

図 4.5 フローチャート

```
11  #事前データの設定
12    env.reset()
13    driver = dynamic_episode_driver.DynamicEpisodeDriver(
14      env,
15      policy,
16      observers=[replay_buffer.add_batch],
17      num_episodes = 100,
18    )
19    driver.run(maximum_iterations=10000)
20    num_episodes = 200
21    tf_policy_saver = policy_saver.PolicySaver(policy=agent.policy)  #ポリシーの
    保存設定
22
23    for episode in range(num_episodes+1):
24    (4.1:skinner_DQN.pyと同じ)
25      policy._epsilon = 0.5 * (1 / (episode + 1))  #ランダム行動の確率
26      while True:
27        if episode%10 == 0:  #10回に1回だけ描画（高速に行うため）
28          env_py.render('human')
29    (4.1:skinner_DQN.pyと同じ)
30        time_step = next_time_step    #次の状態を今の状態に設定
31        if next_time_step.is_last():  #終了？（棒が倒れた場合）
32          break
33        if episode_rewards == 200:    #報酬が200？（棒が一定時間立っていた場合）
34          break
35      print(f'Episode:{episode:4.0f}, R:{episode_rewards:3.0f}, AL:{np.
    mean(episode_average_loss):.4f}, PE:{policy._epsilon:.6f}')
36    tf_policy_saver.save(export_dir='policy')  #ポリシーの保存
37    env.close()
38
39  if __name__ == '__main__':
40    main()
```

　では，プログラムを説明していきます．このプログラムは Q ラーニングの倒立
振子と，深層強化学習のネズミ学習問題のプログラムを合わせたような形となっ
ています．

1. ライブラリのインポート

　OpenAI Gym を使うために gym をインポートしている以外は，深層強化学習の

ネズミ学習問題（4.3 節，リスト 4.1：skinner_DQN.py）と同じです．

2. シミュレーションクラスの設定

リスト 3.2 の倒立振子と同じように，OpenAI Gym のシミュレーションクラスに必要な機能をもったオブジェクトを得ます．異なるのは，9 行目の gym_wrapper.GymWrapper によって TF-Agents 用に変換している点です．

```
8   env_py = gym.make('CartPole-v0')
9   env = tf_py_environment.TFPyEnvironment(gym_wrapper.GymWrapper(env_py))
```

3. ネットワーククラスの設定

リスト 4.1 の深層強化学習のネズミ学習問題と同じです．ここでは中間層のノード数を 50 にしています．

4. その他の設定

リスト 4.1 と大きく異なるのは driver の設定です．

ここでは迷路問題と同じように DynamicEpisodeDriver 関数を用いています．ネズミ学習問題は初期状態から始めなくても学習できましたが，倒立振子問題は棒が倒れてしまうと失敗としているため，初期状態に直して行う必要があります．そのため，行動の数で決めるのではなく，エピソードの数で事前の学習データを取得しています．

これ以外に変更したのは，エピソード数とランダムな行動を決める確率を設定する epsilon の値，DqnAgent で設定する値（target_update_period と gamma）です．

5. 行動とネットワークの更新

リスト 4.1 と表示の方法と終了条件だけ異なります．この部分は Q ラーニングの倒立振子問題（3.6 節，リスト 3.2：cartpole_QL.py）と同様です．

まず，表示はリスト 3.2 と同様で 27，28 行目の env_py.render 関数で行います．次に，終了条件はリスト 3.2 では done を調べました．深層強化学習では 31 行目の next_time_step.is_last 関数を調べます．

4

深層強化学習

| Column | ハイパーパラメータの設定 |

　深層強化学習を行うための設定は「ハイパーパラメータの設定」と呼ばれており，設定の指針というものはなく，経験的に身につけていく必要があります．しかしながら，初学者はどのように考えたらよいかわからないと思います．ここでは，筆者が4.5 節の倒立振子問題のハイパーパラメータを設定するときの考え方を紹介します．

　まず，epsilon のデフォルトの値（1e-7）を用いたときには学習がうまく収束できずに倒立振子がうまく学習できませんでした．実行時のログを確認すると，報酬が200 に到達した後，その値を維持せずに 150 くらいになることがありました．これはニューラルネットワークの学習がうまく行っておらず，適切な行動選択や行動価値が得られなかったのが原因の 1 つと推測し，最適化関数 Adam の学習率を小さくすることが有効であると考えました．

　そこで，学習率（デフォルト値は 1e-3）を大小変化させてみました．それでもうまく学習できなかったため，ニューラルネットワークの重みパラメータの更新量を抑えて学習を安定させるために Adam の epsilon パラメータを調整してみました．その結果，このパラメータの値を大きく更新することでうまくニューラルネットワークが学習でき，倒立振子が安定するようになりました．

　ハイパーパラメータの調整はほかの問題に適用できない場合も多くありますが，考え方の手助けになればと思います．

4.6　OpenAI Gym によるスペースインベーダー

できるようになること　画像を状態として入力し，ディープ Q ネットワークで解く

使用プログラム　spaceinvaders_DQN.py（python3.8 では実行できない場合がありますので，1.7 節のコラム，付録 A.5 を参照してください）

　第 1 章の図 1.1 で示したスペースインベーダーを，深層強化学習を使って学習します．ここでは，状態として表示された画像をそのまま使います．この方法は学習時間は非常に長くなりますが，テレビゲームを学習するときによく使われる方法ですので，ここで紹介します．

　具体的な説明はこの後で行いますが，まずは実行してみましょう．spaceinvaders_DQN.py があるディレクトリで次のコマンドを実行します．スペースインベーダーは学習にかなりの時間を要します．なお，本節のシミュレーションは RasPi で

は行いません.

実行：python（Windows），python3（Linux, Mac）

```
$ python spaceinvaders_DQN.py
```

倒立振子のときと同じように，10 エピソードごとに第 1 章の図 1.1 に示したよ
うなシミュレーション動画が表示されます．スペースインベーダーを学習するプ
ログラムを**リスト 4.7** に示します．省略している部分は倒立振子（cartpole_DQN.
py）の問題とほぼ同じです．

異なる点は，ネットワークに畳み込みとプーリングを用いた畳み込みニューラ
ルネットワークを用いた点で，call メソッドの observation 変数を float32 に
キャストして 255 で割っている点です．observation 変数には入力画像が保存さ
れており，各ピクセルは 0～255 までの uint8 型の値です．float32 に変換するだ
けでなく，255 で割ることで 0～1 の範囲の値としています．入力値を 0～1 まで
に制限すると学習がうまく進むといわれています．

さらに，gym.make 関数で SpaceInvaders-v0 を設定している点が異なります．
また，学習に必要なパラメータは読者の皆様が実行したときに学習が進む様子が
見えるような設定にしていますが，本来はもっと大きな値を用いるべき値です．

リスト 4.7 スペースインベーダーの学習：spaceinvaders_DQN.py の一部

```
 1  (前略)
 2
 3  class MyQNetwork(network.Network):  #ネットワーククラスの設定
 4    def __init__(self, observation_spec, action_spec, name='QNetwork'):
 5      super(MyQNetwork, self).__init__(
 6        input_tensor_spec=observation_spec,
 7        state_spec=(),
 8        name=name
 9      )
10      n_action = action_spec.maximum - action_spec.minimum + 1
11      print(action_spec)
12      print(observation_spec)
13      self.model = keras.Sequential(
14        [
15          keras.layers.Conv2D(16, (11, 9), 1, padding='same', activation='relu'),
```

```
16      keras.layers.MaxPool2D(2, 2, padding='same'),
17      keras.layers.Conv2D(32, (11, 9), 1, padding='same', activation='relu'),
18      keras.layers.MaxPool2D(2, 2, padding='same'),
19      keras.layers.Conv2D(64, (10, 9), 1, padding='same', activation='relu'),
20      keras.layers.MaxPool2D(2, 2, padding='same'),
21      keras.layers.Flatten(),
22      keras.layers.Dense(n_action),
23    ]
24  )
25  def call(self, observation, step_type=None, network_state=(), training=True):
26    observation = (tf.cast(observation, tf.float32))/255
27    actions = self.model(observation, training=training)
28    return actions, network_state
29  (中略)
30  def main():
31  #環境の設定
32    env_py = gym.make('SpaceInvaders-v0')
33    env = tf_py_environment.TFPyEnvironment(gym_wrapper.GymWrapper(env_py))
34  (後略)
```

　スペースインベーダーは6つの行動（何もしない，左へ移動，右へ移動，（その場で）ビーム発射，左に移動しながら発射，右に移動しながら発射）をとります．そしてスペースインベーダーの場合の状態は縦210×横160ピクセルのゲーム画像（RGB画像）であり，$210 \times 160 \times 3$の3次元配列で表現されています[注8]．これを畳み込みニューラルネットワークで処理して行動を出力しています．

　しかし実行しても，なかなかクリアできるような学習が行えません．このように問題が難しくなると学習しにくくなります．深層強化学習の原理を知り，問題をいかに簡単化するかも重要であることがよくわかる例題です．

　なお，このプログラムでは3層の畳み込み処理を行っています。210×160の画像なので，畳み込みフィルタも11×9（1，2層目），10×9（3層目）と少し縦長のものを用いています．各層の縦横の大きさを(H_1, W_1)，(H_2, W_2)，(H_3, W_3)とすると以下のように計算でき，平坦化したときのノード数は14976になります。

$$(H_1, W_1) = \left(\frac{210 - 11 + 1}{2}, \frac{160 - 9 + 1}{2} \right) = (100, 76)$$

注8　print(env.observation_spec())とすると確認できます．

$$(H_2, W_2) = \left(\frac{100 - 11 + 1}{2}, \frac{76 - 9 + 1}{2} \right) = (45, 34)$$

$$(H_3, W_3) = \left(\frac{45 - 10 + 1}{2}, \frac{34 - 9 + 1}{2} \right) = (18, 13)$$

$$H_3 \times W_3 \times 64 = 18 \times 13 \times 64 = 14976$$

4.7 OpenAI Gym によるリフティング

4

深層強化学習

できるようになること OpenAI Gym の中身を改造して，ディープ Q ネットワークで解く

使用プログラム lifting_DQN.py

　OpenAI Gym は，さまざまな問題をシミュレーションするための環境が用意されています．これを利用し改造するといろいろなことができます．この節では**図 4.6** にあるようなリフティングのシミュレーションをはじめから作ってみます．リフティングとは第 1 章の図 1.5(b) に示したようにラケットの面でボールを上に打ち続ける動作です．これにより，OpenAI Gym を使いこなす練習をします．

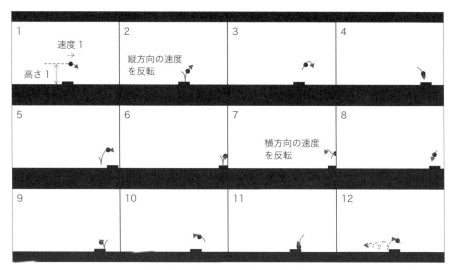

図 4.6 リフティング動作の連続画像

　リフティング問題の問題設定を示します．

- 高さ 1 の位置から右方向に一定の速度を与えてボールを落とします．その後は自由落下します．
- ラケットに当たると，縦方向の速度を反転させることで，ボールを跳ね返します．
- 左右の壁にボールが当たると，横方向の速度を反転させることで，ボールを跳ね返します．
- ラケットでボールを跳ね返した場合に，報酬を 1 だけ与えます．
- ボールがラケットより下にくると失敗となり，エピソードが終わります．
- ラケットで 10 回ボールを跳ね返すと成功となり，エピソードが終わります．

なお，簡易計算を行っていますので，計算誤差により縦方向の跳ね返りはだんだん少なくなっています．また，学習を早く進めるために，ボールは毎回同じ位置，同じ速度で始めています．ランダムな初期位置と初期速度を与えることもできますが，その場合の学習には相当な時間がかかります．

◖ 4.7.1 プログラムの実行

説明はこの後で行いますが，まずは実行してみましょう．lifting_DQN.py があるディレクトリで次のコマンドを実行します．

実行：python（Windows），python3（Linux，Mac）

```
$ python lifting_DQN.py
```

倒立振子のときと同じように，10 エピソードごとに図 4.6 に示したようなリフティングのシミュレーション動画が表示されます．ターミナルには**ターミナル出力 4.4** のような表示がされます．R は報酬の合計を示していて，10 になったときが成功です．最初はほぼ跳ね返せていませんが，徐々に 3 回（台車が右に移動しながら跳ね返せる回数）跳ね返せるようになり，500 エピソードを繰り返すころにはほぼ 10 回跳ね返せるようになります．

ターミナル出力 4.4 lifting_DQN.py の実行結果

```
Episode:   0, R:  0, AL:0.0312, CE:1.000000
Episode:   1, R:  1, AL:0.0094, CE:0.998000
```

```
 (中略)
Episode: 249, R:  1, AL:0.0270, CE:0.502000
Episode: 250, R:  2, AL:0.0289, CE:0.500000
Episode: 251, R:  7, AL:0.0290, CE:0.498000
 (中略)
Episode: 499, R: 10, AL:0.0727, CE:0.002000
Episode: 500, R: 10, AL:0.0748, CE:0.000000
```

4

深層強化学習

● **4.7.2 プログラムの説明**

実行した lifting_DQN.py は，深層強化学習の倒立振子 (4.5 節，リスト 4.6：cartpole_DQN.py) とほぼ同じです．異なるのは**リスト 4.8** に示す 5 箇所だけです．10 回跳ね返したら終了するようにし，epsilon の値をネズミ学習問題と同じにしました．また keras.optimizers.Adam の epsilon を 1e-3 に変更しました[注9]．

リスト 4.8 リフティング動作の一部：lifting_DQN.py

```
 1  import myenv
 2   (中略)
 3   env_py = gym.make('Lifting-v0')
 4   (中略)
 5      optimizer=keras.optimizers.Adam(learning_rate=1e-3, epsilon=1e-3),
 6   (中略)
 7   num_episodes = 500
 8   epsilon = np.linspace(start=1.0, stop=0.0, num=num_episodes+1)
 9   (中略)
10      policy._epsilon = epsilon[episode]  #ランダム行動の確率
11   (中略)
12      if episode_rewards == 10:  #報酬が10？ (10回跳ね返した場合)
13        break
```

ここでは，ボールの落下やラケットの移動を行う部分を作ります．倒立振子の場合は cartpole.py という用意されたファイルを使っています．

これは次のディレクトリにあります．

注9　この値の決め方も経験によるものです．

- Windows の場合：
  C:\Users\【ユーザ名】\Anaconda3\Lib\site-packages\gym\envs\classic_control\cartpole.py
- Linux の場合（Ubuntu 18.04 をインストール直後）：
  /home/【ユーザー名】/.local/lib/python3.*/site-packages/gym/envs/classic_control
  * は Python のバージョンです．

ただし，仮想環境を使っていた場合などそれぞれの使用環境で異なります．例えば以下のコマンドで探してみてください．

```
$ find / -name classic_control
```

今回は lifting.py というファイルを新たに作成し，シミュレーションのプログラムを始めから書きます．これにはいくつかのファイルを次のディレクトリ構造になるように作成します．

まずは myenv ディレクトリの下にある __init__.py を**リスト 4.9** に示します．ここでは Lifting-v0 という ID で myenv ディレクトリの下の env ディレクトリの下にある LiftingEnv クラスを呼び出すことを宣言しています．

リスト 4.9 myenv/__init__.py

```
1  from gym.envs.registration import register
2
3  register(
4      id='Lifting-v0',
5      entry_point='myenv.env:LiftingEnv',
6  )
```

次に，env ディレクトリの下にある __init__.py を**リスト 4.10** に示します．こ
こでは LiftingEnv クラスが myenv ディレクトリの下の env ディレクトリの下に
ある lifting.py の中にあることを宣言しています．

リスト 4.10 myenv/env/__init__.py

```
1  from myenv.env.lifting import LiftingEnv
```

これで lifting.py の中の LiftingEnv を呼び出す設定ができました．OpenAI
Gym を使ったプログラムを書くときに必要なメソッドは次の 4 つとなります．

- __init__(self) ：初期設定を行う
- _step(self, action) ：行動に対して動作させる
- _reset(self) ：初期状態に戻す
- _render(self, mode='human', close=False)：描画する

最初にアンダースコア（アンダーバー）が付いていますが，step メソッド，
reset メソッド，render メソッドは倒立振子の学習プログラムを動かすときに使
いましたね．

リスト 4.11 に，ラケットやボールの動きを決めるためのプログラムを示しま
す．これまでと比べて少し長く感じるかもしれませんが，その理由として，

- 変数が多い
- 運動方程式を解いている部分が長い
- 描画のためのコードが長い

ことが挙げられます．そのため，本質だけを見るとかなり短くなります．

リスト 4.11 リフティング動作：lifting.py

```
1  import logging
2  import math
3  import gym
4  from gym import spaces
5  from gym.utils import seeding
6  import numpy as np
7
8  logger = logging.getLogger(__name__)
```

```
 9
10  class LiftingEnv(gym.Env):
11    metadata = {
12      'render.modes': ['human', 'rgb_array'],
13      'video.frames_per_second' : 50
14    }
15  #初期設定
16    def __init__(self):
17      self.gravity = 9.8         #重力加速度
18      self.racketmass = 1.0      #ラケット重さ
19      self.racketwidth = 0.5     #ラケットの横幅
20      self.racketheight = 0.25   #ラケットの高さ
21      self.racketposition = 0    #ラケットの位置
22      self.ballPosition = 1      #ボールの位置
23      self.ballRadius = 0.1      #ボールの半径
24      self.ballVelocity = 1      #ボールの横方向の速度
25      self.force_mag = 10.0      #台車を移動させるときの力
26      self.tau = 0.02            #時間刻み
27      self.cx_threshold = 2.4    #移動制限
28      self.bx_threshold = 2.4
29      self.by_threshold = 2.4
30
31      self.action_space = spaces.Discrete(2)
32      high = np.array([
33        self.cx_threshold, np.finfo(np.float32).max, self.bx_threshold, self.by_
      threshold, np.finfo(np.float32).max
34        ])
35      self.observation_space = spaces.Box(-high, high)
36
37      self._seed()
38      self.viewer = None
39      self._reset()
40  #乱数の設定
41    def _seed(self, seed=None):
42      self.np_random, seed = seeding.np_random(seed)
43      return [seed]
44  #行動の設定
45    def _step(self, action):
46      assert self.action_space.contains(action), "%r (%s) invalid"%(action, type(action))
47
48      state = self.state
49      cx, cx_dot, bx, by, bx_dot = state
```

```
50    force = self.force_mag if action==1 else -self.force_mag  #行動によって力の方向を
      決める
51    cx_dot = cx_dot + self.tau * force / self.racketmass  #ラケットの速度の更新
52    cx  = cx + self.tau * cx_dot              #ラケットの位置の更新
53    byacc  = -self.gravity                    #ボールの加速度
54    self.by_dot = self.by_dot + self.tau * byacc  #ボールのy方向の速度の更新
55    by  = by + self.tau * self.by_dot         #ボールのy方向の位置の更新
56    bx  = bx + self.tau * bx_dot              #ボールのx方向の位置の更新
57    bx_dot = bx_dot if bx>-self.cx_threshold and bx<self.cx_threshold else -bx_dot  #
      壁にぶつかったらx方向の速度を反転
58    reward = 0.0
59    if bx>cx-self.racketwidth/2 and bx<cx+self.racketwidth/2 and by<self.ballRadius and
      self.by_dot<0:  #ラケットにぶつかったか？
60      self.by_dot = -self.by_dot  #ボールのy方向の速度を反転
61      reward = 1.0
62    self.state = (cx, cx_dot,bx,by,bx_dot)
63    done =  cx < -self.cx_threshold-self.racketwidth or cx > self.cx_threshold +self.
      racketwidth or by < 0  #ボールがラケットより下か？
64    done = bool(done)
65
66    if done:
67      reward = 0.0
68
69    return np.array(self.state), reward, done, {}
70  #初期化
71    def _reset(self):
72    self.state = np.array([0,0,0,self.ballPosition,self.ballVelocity])
73    self.steps_beyond_done = None
74    self.by_dot = 0
75    return np.array(self.state)
76  #表示
77    def _render(self, mode='human', close=False):
78    if close:
79      if self.viewer is not None:
80        self.viewer.close()
81        self.viewer = None
82      return
83
84    screen_width = 600
85    screen_height = 400
86    world_width = self.cx_threshold*2  #壁位置が画面の枠と一致するように
87    scale = screen_width/world_width  #倍率を決める
```

4

深層強化学習

```
88    racketwidth = self.racketwidth*scale
89    racketheight = self.racketheight*scale
90
91    if self.viewer is None:
92      from gym.envs.classic_control import rendering
93      self.viewer = rendering.Viewer(screen_width, screen_height)
94      l,r,t,b = -racketwidth/2, racketwidth/2, racketheight/2, -racketheight/2
95      axleoffset =racketheight/4.0
96      racket = rendering.FilledPolygon([(l,b), (l,t), (r,t), (r,b)])  #ラケットの描画
97      self.rackettrans = rendering.Transform()
98      racket.add_attr(self.rackettrans)
99      self.viewer.add_geom(racket)
100
101     ball = rendering.make_circle(0.1*scale)  #ボールの描画
102     self.balltrans = rendering.Transform()
103     ball.add_attr(self.balltrans)
104     self.viewer.add_geom(ball)
105
106   if self.state is None: return None
107
108   x = self.state
109   rackety = self.racketposition*scale      #ラケットのy座標
110   racketx = x[0]*scale+screen_width/2.0   #ラケットのx座標
111   ballx = x[2]*scale+screen_width/2.0     #ボールのx座標
112   bally = x[3]*scale                       #ボールのy座標
113   self.rackettrans.set_translation(racketx, rackety)
114   self.balltrans.set_translation(ballx, bally)
115
116   return self.viewer.render(return_rgb_array = mode=='rgb_array')
```

それではリスト 4.11 の中身を細かく見ていきます.

1. __init__(self)
初期設定として4つのことを行います. それぞれどのようなことを行っている
のか説明していきます.

変数の設定
17〜29 行目で設定してます.

行動の数の設定

31 行目の action_space に 2 次元であることを設定しています.

状態の次元数の設定

32〜35 行目で状態として取りうる範囲を設定しています. 深層強化学習でも強化学習と同じように状態を離散化して分ける必要があります. ここでは 5 次元(ラケットの位置と速度, ボールの位置 (x, y) ボールの x 方向速度) の状態を設定し, それぞれの最大値と最小値を設定しています. 状態の分割数は自動的に決まります.

状態の初期化

毎回同じ動作をしないように, 乱数の seed の初期化を行っています. _reset メソッドを呼び出すことで状態の初期化を行っています.

2. _step(self, action)

action に指定された動作に従った入力を行い, 運動方程式を解いて次の状態を計算で求めています (48〜57 行目). 50 行目で, action が 1 のときはラケットの横方向の力を self.force_mag とし, 0 の場合はマイナスを付けて -self.force_mag としています.

ラケット, ボールともに質点として計算し, 粘性項は 0 としています. 微小時間刻みを tau とすると, tau 時間後の速度は次のように更新されます. なお, 次の式はプログラムの変数に合わせて書いてあります.

$$cx\_dot = cx\_dot + \frac{force}{racketmass} \times tau$$

そして, 位置は次のように更新します.

$$cx = cx + cx\_dot \times tau$$

ボールは横方向には等速に動くようにしています. ウインドウの外部にボールの中心がはみ出す場合は, 横方向の速度を反転させることで (57 行目), 壁にぶつかって跳ね返る動作をシミュレーションしています.

ボールの縦方向の動きも同様に計算します. そして, ラケットに当たって, かつ速度が下向きになっていた場合 (59 行目) は速度を反転させます.

　ボールがラケットに当たらずウインドウの下についた，もしくはラケットが画面からはみ出たかどうかは 63 行目で調べています．この条件が成り立つ場合は done 変数が 1，成り立たない場合は 0 になります．これにより終了条件に当てはまっているかどうかを調べています．

3.　_reset(self)
　状態の初期化をしています．具体的には，ボールやラケットを初期位置や初期速度に戻します．

4.　_render(self, mode='human', close=False)
　ラケットやボールを描画しています．描画の準備として，まず変数の設定を行います（84〜89 行目）．その後，次の 2 つの手順を行います．

　① 描画する形を設定する（ラケット：94〜96 行目，ボール：101 行目）
　② 登録する（ラケット：97〜99 行目，ボール：102〜104 行目）

　そして，ラケットとボールの位置をスクリーン上の位置に変換しています（108〜112 行目）．最後に，実際に描画します（ラケット：113 行目，ボール：114 行目）．

4.8　VPython を用いたリフティング問題

できるようになること　VPython を利用し，OpenAI Gym を用いずにディープ Q ネットワークで解く

　4.7 節では OpenAI Gym に従った書き方でリフティング問題を扱いました．ここでは，OpenAI Gym を用いずに書く方法を紹介します．すべて書くからといって難しいことはなく，4.7 節で作成したシミュレータの表示部分を VPython に置き換えることで実現できます．

◎ 4.8.1　VPython のインストール

使用プログラム　vpython_test.py

　画面に表示するライブラリとして VPython を用います．インストール方法とVPython の使い方を紹介します．なお，本節のシミュレーションは RasPi では行

いません.

実行：pip（Windows），pip3（Linux, Mac）

```
$ pip install vpython
```

インストールの確認として，**リスト4.12**に示すプログラムを以下のコマンド
で実行します.

実行：python（Windows），python3（Linux, Mac）

```
$ python vpython_test.py
```

実行すると，WEB ブラウザが開き，**図4.7**に示すようなボールと壁が表示さ
れ，ボールが右方向に移動していきます．VPython は描画ライブラリなので，衝
突を検知しません．そのため，ボールが壁を抜けて右側まで移動します．実行後，
WEB ブラウザを閉じるとターミナルでコマンドが入力できるようになります.

図4.7　VPython による描画

リスト4.12　VPython のテスト用プログラム：VPython_test.py

```
1  import vpython as vs
2
3  scene = vs.canvas(title='VPython test', x=0, y=0, width=600, height=400,
   center=vs.vector(0,0,0), background=vs.vector(1,1,1),autoscale = False)  #環境
   の設定
```

```
4  ball = vs.sphere(pos=vs.vector(-5,0,0), radius=0.5, color=vs.
   vector(0.8,0.8,0.8))  #ボールの設定
5  wall = vs.box(pos=vs.vector(5,0,0), size=vs.vector(0.2,5,5), color=vs.
   vector(0.5,0.5,0.5))  #壁の設定
6
7  ball.velocity = vs.vector(5,0,0)  #ボールの速度
8
9  for t in range(300):
10     vs.rate(100)  #描画（100fps）
11     ball.pos = ball.pos + ball.velocity*0.01  #ボールの位置の更新
```

プログラムの説明を行います．

まず，VPython のライブラリを読み込みます[注10]．

次に，vs.canvas 関数で画面表示の設定を行います．autoscale = False を true にすると自動的に画面が拡大されます．

vs.sphere でボールを作成し，vs.box で壁を作成しています．

vs.rate(100) とすることで秒間 100 コマの描画を行います．表示が間に合わない場合は最大の描画速度で描画が行われます．

ボールの位置を 11 行目で更新し，for 文で繰り返すことでアニメーションが表示されます．

● 4.8.2 VPython を用いたリフティングのプログラム

使用プログラム lifting_DQN_VPython.py

OpenAI Gym を用いないリフティングプログラムを**リスト 4.13** に示します．以下のコマンドで実行すると**図 4.8** が表示されます．なお，10 回の跳ね返しに成功したときの図です．VPython を使うと軌跡線も簡単に書くことができます．

実行：python（Windows），python3（Linux, Mac）

```
$ python lifting_DQN_VPython.py
```

注10　VPython の前身のライブラリは Visual ライブラリでしたので，WEB で VPython を検索すると Visual ライブラリを用いた説明が多く表示されます．

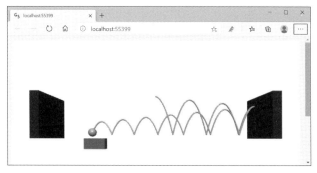

図 4.8　VPython によるリフティング描画

リスト 4.13　VPython を用いて描画したリフティング：lifting_DQN_VPython.py

```
 1  #import gym
 2  #import myenv
 3  import vpython as vs
 4
 5  #シミュレータクラスの設定
 6  class EnvironmentSimulator(py_environment.PyEnvironment):
 7    def __init__(self):
 8      super(EnvironmentSimulator, self).__init__()
 9      (変数の設定は同じ)
10      self._action_spec = array_spec.BoundedArraySpec(
11        shape=(), dtype=np.int32, minimum=0, maximum=1
12      )
13      self._observation_spec = array_spec.BoundedArraySpec(
14        shape=(5,), dtype=np.float32, minimum=-high, maximum=high
15      )
16      scene = vs.canvas(x=0, y=0, width=600, height=400, center=vs.vector(0,0,0),
    background=vs.vector(1,1,1))  #環境の設定
17      self.ball = vs.sphere(pos=vs.vector(0,self.ballPosition,0), radius=self.ballRadius,
    color=vs.vector(0.8,0.8,0.8), make_trail=True, retain=2000)  #ボールの設定
18      self.racket = vs.box(pos=vs.vector(self.racketposition,-self.racketheight/2,0),
    size=vs.vector(self.racketwidth,self.racketheight,0.2), color=vs.vector(0.5,0.5,0.5))
    #ラケットの設定
19      self.wallR = vs.box(pos=vs.vector(self.cx_threshold+0.2,0.5,0), size=vs.
    vector(0.2,1,1), color=vs.vector(0.2,0.2,0.2))  #右の壁の設定
20      self.wallL = vs.box(pos=vs.vector(-self.cx_threshold-0.2,0.5,0), size=vs.
    vector(0.2,1,1), color=vs.vector(0.2,0.2,0.2))  #左の壁の設定
21
22      self.viewer = None
```

```
23    self._reset()
24   def observation_spec(self):  #追加（定型）
25     return self._observation_spec
26   def action_spec(self):       #追加（定型）
27     return self._action_spec
28  #行動による状態変化
29   def _step(self, action):
30     （ボールとラケットの動作は同じ）
31     if done:
32       reward = 0.0
33       return ts.termination(np.array(self.state, dtype=np.float32), reward=reward)
34     else:
35       return ts.transition(np.array(self.state, dtype=np.float32), reward=reward,
   discount=1)
36   #初期化
37   def _reset(self):
38     （変数の初期化は同じ）
39     self.ball.pos = vs.vector(0,self.ballPosition,0)  #ボールの初期位置
40     self.racket.pos = vs.vector(self.racketposition,-self.racketheight/2,0)  #ラケット
   の初期位置
41     self.ball.clear_trail()  #軌跡の消去
42     return ts.restart(np.array(self.state, dtype=np.float32))
43  #表示
44   def render(self, mode='human'):
45     vs.rate(20)
46     cx, cx_dot,bx,by,bx_dot = self.state
47     self.ball.pos = vs.vector(bx,by,0)
48     self.racket.pos = vs.vector(cx,-self.racketheight/2,0)
49
50  def main():
51  #環境の設定
52    env_py = EnvironmentSimulator()
53    env = tf_py_environment.TFPyEnvironment(env_py)
54   （以下，リスト4.8：lifting_DQN.pyと同じ）
```

　リスト 4.13 は 4.7 節で示した lifting_DQN.py に lifting.py を合わせたものを OpenAI Gym を使わないように変更したものです.

1.　ライブラリ

gym と myenv を削除し，vpython のライブラリを追加しています.

4

2. シミュレータクラス

シミュレータクラスの名前を Lifting から EnvironmentSimulator クラスに変更し，py_environment.PyEnvironment クラスを継承させています．クラスの名前を変更する必要はありませんが，ネズミ学習問題に合わせるために行いました．

__init__ メソッド

変数の設定は同じです．self._action_spec と self._observation_spec の設定が異なります．この設定はネズミ学習問題と同様です．

16〜20 行目で VPython の設定をしています．vs.canvas 関数で autoscale の設定をしないことで，自動的に大きさを調整しています．vs.sphere 関数でボールの設定をしています．この引数として make_trail=True とすると移動軌跡が描画されます．そして，retain=2000 とすることで移動軌跡の長さを設定しています．例えば 20 にすると直前の 20 ステップの移動だけが表示されます．vs.sphere 関数でラケットと左右の壁の設定をしています．設定するだけで描画されるようなります．

_reset メソッド

変数の初期設定は同じです．追加した部分は描画するボールとラケットの位置の初期化と移動軌跡の消去（clear_trail 関数）です．変更した部分は戻り値で，これはネズミ学習問題と同じです．

_step メソッド

ボールとラケットの動作は同じです．変更した部分は戻り値で，迷路問題のように，終了するときは ts.termination 関数，続くときは ts.transition 関数を用いています．

render メソッド

このメソッドで描画します．vs.rate 関数で描画速度を決め，ボールとラケットの位置を更新するだけでアニメーションが表示されます．OpenAI Gym を用いるよりもずっと簡単になりましたし，描画も 3 次元できれいですね．

その他のメソッド

その他はネズミ学習問題で用いた observation_spec メソッドと action_spec メソッドを追加しています．

3. ネットワーククラスの設定

ネットワーククラスの変更はありません.

4. main 関数

シミュレータクラスのオブジェクトの設定（52, 53行目）が異なります. それ以外は深層強化学習のリフティング問題と同じ設定です.

4.9 物理エンジン（PyBullet）を用いた シミュレーション

できるようになること 物理エンジン（PyBullet）の使い方や基本プログラムを知る

使用プログラム PyBullet_test.py

4.5〜4.8節では，運動方程式を用いて運動を記述することでシミュレーションを行いました．これは，倒立振子問題やリフティング問題のように，運動方程式で書き表すことができる問題には比較的簡単に適用できます．

ここで例えば，図1.2のようなロボットアームをうまく動かして物体をつかんだり，**図4.9**のようにブルドーザが物体（例えばボールのようなもの）を押して所定の場所へ移動させることを考えます．

図4.9 ブルドーザがボールをシュートする様子

これらは運動方程式を書いてロボットアームの先端を自在にコントロールしたり，ブルドーザのタイヤをうまく回転させることで自在に移動させることはできますが，物体同士が接触すると回転したり転がったりなど，運動方程式で書くことが難しい運動が生じます．

　このように，複雑で運動方程式で表すことができないような問題はたくさんあります．このような問題は実際のロボットを使った学習をする必要が生じますが，これは第5章に示すように簡単な問題でもかなりの時間がかかります．そこで本節では，物理エンジンというものを使って，運動方程式を解かずに複雑な動作をシミュレーションする方法を説明します．

　まずは，倒立振子問題と図1.1に示したロボットアームを対象に，OpenAI Gym に PyBullet を組み込んだシミュレーション環境を利用する方法を紹介し，PyBullet の使い方を示します．その後，リフティング問題に適用し，運動方程式を用いて物体を動かしていた部分を物理エンジンに変更します．最後に，少し難しい問題を紹介するために，ブルドーザでボールを押すブルドーザ問題を紹介します．

　なお，物理シミュレーションを用いたプログラムは計算量が多く，RasPi には適さないため，RasPi での実行は想定しません．

◎ 4.9.1　物理エンジン

　物理エンジンとは，物体を登録するだけで物体の運動シミュレーションを手助けしてくれるものです．物体同士の衝突なども対応できるものが多くあります．物理エンジンにはいろいろな種類がありますが，本書では PyBullet を対象とします．インストール方法は1.8節を参考にしてください．

◎ 4.9.2　プログラムの実行

　ここでは斜めに打ち出したボールの軌跡を物理エンジンで解くことを行います．そのプログラムを**リスト4.14**に示します．実行は以下のコマンドで行います．

　　実行：python（Windows），python3（Linux, Mac）

```
$ python PyBullet_test.py > test.txt
```

　実行結果は**図4.10**となります．実行画面上できれいに映るように，初期位置を z 方向（鉛直方向）2 m，初期速度 $(0, 2, 5)$ m/s としました．これまでのプログラムのように時間刻みで位置を更新することは行っていません．

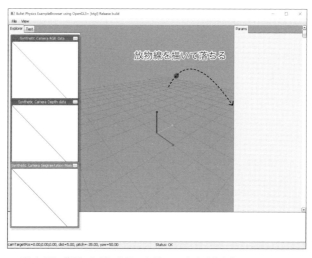

図4.10 物理エンジンを用いたボールの打ち出しシミュレーション

実行後，test.txt が生成されます．その中身を Excel などにコピーしてグラフにすると**図4.11** のようになり，ボールが放物線を描いて落ちていく様子がわかります．この図中の黒い細い線がシミュレーションによって得られた得られた軌跡で，灰色の太い線は運動方程式を解いて得られた式 (4.1) の理論軌跡です．なお，時間刻みを設定する部分があるのですが，それを大きくするとシミュレーションは速くなるものの，理論値とのずれが大きくなります．また，図中の破線は物理エンジンで空気抵抗などの現実の動作で作用する力を含めてシミュレーション（8 行目の linearDamping=0，angularDamping=0 を削除したプログラム）した結果です[注11]．

$$x = 20t$$
$$y = \frac{1}{2} \times 9.81t^2 + 10t + 2 \tag{4.1}$$

注11　空気抵抗などはシミュレーションすることは難しいので，参考程度にとどめてください．

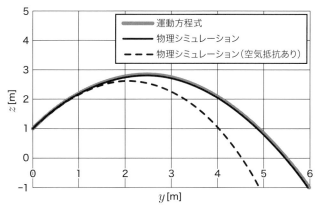

図 4.11 物理エンジンと運動方程式の比較

⚙ **4.9.3　プログラムの説明**

プログラムを**リスト 4.14** に示します．これを例に PyBullet の基本的な使い方の説明を行っておきます．なお，このプログラムは PyBullet の公式ドキュメントのサンプルプログラムを基に作成しています．

リスト 4.14　物理エンジン PyBullet を使った投げたボールの軌跡計算：PyBullet_test.py

```
 1  import pybullet as p
 2  import time
 3
 4  physicsClient = p.connect(p.GUI)
 5  p.setGravity(0,0,-9.8)  #重力加速度の方向と大きさの設定
 6  ballId = p.loadURDF("ball.urdf",[0,0,1], p.getQuaternionFromEuler([0,0,0]))  #
    ボールの設定と位置角度の設定
 7  p.resetBaseVelocity(ballId,[0,4,6])  #ボールの速度の設定
 8  p.changeDynamics(ballId, -1, linearDamping=0, angularDamping=0)  #運動の設定
 9  dt = 0.01  #刻み時間
10  p.setTimeStep(dt)  #刻み時間の設定
11  for i in range (150):
12    pos, orn = p.getBasePositionAndOrientation(ballId)  #ボールの位置と角度
13    print(i*dt, '\t', pos[1], '\t', pos[2])  #コンソールに表示
14    p.stepSimulation()  #シミュレーションの実行と表示
15    time.sleep(dt)  #見やすくするための待ち時間
16  p.disconnect()
```

　まず，PyBullet ライブラリのインストールのインポートを行います（1行目）．
4行目では，PyBullet の表示の設定をしています．5行目で重力加速度を設定します．物体は6行目で**リスト 4.15** に示す ball.urdf ファイルを読み込むことで設定し，ballID に登録されます．また，引数でボールの初期位置と初期角度を設定できます．なお，初期位置と初期角度は省略することができます．7行目で物体の初期速度を設定しています．設定が終わったら，11〜15行目の for 文でボールの軌跡の表示と演算を行います．12行目で物体の位置と角度を取得し，それを表示しています．物理演算は 14 行目の p.stepSimulation 関数で行います．

　次に，ボールの設定のためのファイルをリスト 4.15 に示します．設定ファイルの一部の意味を以下に示しますが，書き方は本書の範囲を超えるため，他の設定に関しては WEB や書籍を参考にしてください[注12]．なお，このボールのファイルは他の節でも使います．

- <sphere radius="0.1"/>：半径 0.1 の球
- <origin rpy="0 0 0" xyz="0 0 0"/>：原点の情報
- <mass value="1"/>：質量
- <inertia ixx="1" ixy="0" ixz="0" iyy="1" iyz="0" izz="1"/>：慣性行列

リスト 4.15　ボールの設定：ball.urdf

```
 1  <?xml version="1.0"?>
 2  <robot name="ball">
 3      <link name="ball">
 4          <visual>
 5              <geometry>
 6                  <sphere radius="0.1"/>
 7              </geometry>
 8              <origin xyz="0 0 0"/>
 9              <material name="black">
10                  <color rgba="0.7 0.7 0.7 8"/>
11              </material>
12          </visual>
13          <collision>
14              <geometry>
15                  <sphere radius="0.1"/>
```

注12　google などの検索サイトで「PyBullet urdf」と検索することで，参考となるサイトが表示されます．

```
16        </geometry>
17      </collision>
18      <inertial>
19        <mass value="0.1"/>
20        <inertia ixx="0.4" ixy="0" ixz="0" iyy="0.4" iyz="0.0" izz="0.2"/>
21      </inertial>
22    </link>
23  </robot>
```

4.10　物理エンジン（PyBullet）の倒立振子問題への適用

できるようになること　物理エンジン（PyBullet）で倒立振子問題が学習できる

使用プログラム　cartpole_DQN_PyBullet.py, cartpole_DQN_PyBullet_modify.py

　4.5 節で示した OpenAI Gym を用いた倒立振子問題は運動方程式によって台車と棒の動きをシミュレーションしていました．この台車と棒の動きを物理エンジン（PyBullet）に置き換えた倒立振子を使って学習する方法を紹介します．そして，PyBullet 版の倒立振子を改造する方法も紹介します．

4.10.1　プログラムの実行

　以下のコマンドで実行してみましょう．表示は図 4.12 のようになります．3 次元の表示になりますが，行っていることは同じです．

　　実行：python（Windows），python3（Linux, Mac）

```
$ python cartpole_DQN_PyBullet.py
```

　実行すると，コンソールに「Episode:0, R:22, …」といった表示はされませんが，図 **4.12** に示すシミュレーションがしばらく動くはずです．これは，driver 関数による事前のデータ収集を行っている状態となります．その後，これまでと同様にエピソードや報酬などが表示されます．

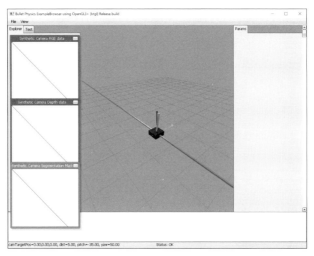

図4.12 PyBulletを用いた倒立振子問題

● 4.10.2 プログラムの説明

倒立振子を深層強化学習で扱うプログラム（4.5節，リスト4.6：cartpole_DQN.py）を変更して作成します．プログラムは**リスト4.16**に示すようにライブラリの追加とenv_pyの設定の仕方の変更の2点です．

クラス名は使用するファイル（cartpole_bullet.py）の中身を確認することで調べることができます．なお，PyBulletで使用できるシミュレーションクラスは1.8節を参考にディレクトリをご覧ください．

リスト4.16 PyBullet版の倒立振子問題をDQNに組み込むプログラムの一部：cartpole_DQN_PyBullet.py

```
1  from pybullet_envs.bullet.cartpole_bullet import CartPoleBulletEnv
2  （中略）
3    env_py = CartPoleBulletEnv(renders=True)
```

なお，**リスト4.17**のようにgym.make関数を用いて書くこともできます．

リスト4.17 PyBullet版の倒立振子問題をDQNに組み込むプログラム（gym.makeを利用する方法）の一部：cartpole_DQN_PyBullet_gymmake.py

```
1  import pybullet_envs
```

```
2   （中略）
3     env_py = env_py = gym.make('CartPoleBulletEnv-v1',renders=True)
```

💿 4.10.3 倒立振子の改造の仕方

この cartpole_bullet.py をコピーして改造する方法を示します.

まず, cartpole_bullet.py と cartpole.urdf を使用するプログラムと同じディレクトリにコピーします. cartpole.urdf は pybullet_envs フォルダの 1 つ上のフォルダの下にある pybullet_data にあります. そして, **リスト 4.18** のようにインポートするディレクトリを変更します. これにより, コピーした cartpole_bullet.py と cartpole.urdf を変更できるようになります.

リスト 4.18 PyBullet 版の倒立振子問題をコピーして使う方法：cartpole_DQN_PyBullet_modify.py

```
1   from cartpole_bullet import CartPoleBulletEnv
2   （中略）
3     env_py = env_py = CartPoleBulletEnv(renders=True)
```

4.11 物理エンジン（PyBullet）の ロボットアームへの適用

できるようになること 物理エンジン（PyBullet）を用いて, ロボットアーム問題を扱える

使用プログラム kuka_DQN_PyBullet.py, kukaCam_DQN_PyBullet.py

本節では図 1.1 に示したロボットアームを対象として学習する方法を紹介します. PyBullet 版の Gym を利用した学習プログラムを作成して, それを実行することを目的としていますので, ここに示すパラメータではたいていの場合, 最終的に連続してものをつかむことはできません. パラメータの設定方法は確立されていないため, いろいろ試してみて, うまくいくパラメータを見つける必要があります.

ここでは, 位置情報を利用する場合と画像情報を利用する場合の 2 つのプログラムの動かし方を示します. なお, 実行したときに表示されるアニメーションはどちらのプログラムを実行しても図 1.1 と同じです.

◉ 4.11.1 位置情報を利用した学習

このプログラムは倒立振子を深層強化学習で扱うプログラム (4.5節, リスト4.6: cartpole_DQN.py) を変更して作成します. 変更の仕方は4.10節とほぼ同じです.

ここでは kukaGymEnv.py を利用します. 深層強化学習では「状態」と「行動」が重要でした. このプログラムでは状態として「位置と角度情報」を用いています. 位置情報として, 対象物の位置 (x, y) とロボットのハンドの位置 (x, y), 角度情報としてロボットハンドの角度の5次元の情報を用いています. そして, 行動は7種類 (そのまま, x 方向の正負の移動, y 方向の正負の移動, ハンドの正負の回転) です. 報酬はロボットハンドの位置からつかむものまでの距離をマイナスにした数を各ステップで与えています. そして, 物体をつかんだときには正の報酬が得られるように調整されています.

cartpole_DQN.py からの変更点を**リスト4.19** に示します. なお, 学習を早く始めるために driver の num_episodes を5にしています. コンソールに「Episode:0, R:-1981,…」が表示され始める前に5回ロボットが失敗します.

driver で行っていることの理解にはつながると思います.

リスト4.19 位置情報を利用したロボットアームの一部：kuka_DQN_PyBullet.py

```
1  from pybullet_envs.bullet.kukaGymEnv import KukaGymEnv
2  (中略)
3   env_py = KukaGymEnv(renders=True,isDiscrete=True)
4  (中略)
5    num_episodes = 5,
```

実行は以下のコマンドで行います. 状態が5次元, 行動が7次元の学習ですので, 描画に時間がかかりますが, 思ったよりは学習は速いです. また, 画像情報を利用しないため, 図1.1 (d) の左側にあった3つの小さなウィンドウには斜線が引かれています.

実行：python (Windows), python3 (Linux, Mac)

```
$ python kuka_DQN_PyBullet.py
```

🔴 4.11.2 画像情報を利用した学習

　次に状態として画像プログラムを実行します．ここでは kukaGymCamEnv.py を利用します．スペースインベーダーを深層強化学習で扱うプログラム（4.6節，リスト 4.7：spaceinvaders_DQN.py）を変更して作成します．

　このプログラムでは状態として256 × 341で4チャンネルの「画像」を用います．そして，行動は先ほどと同様に7種類です．spaceinvaders_DQN.py からの変更点を**リスト 4.20** に示します．なお，学習を早く始めるために driver の num_episodes を 1，maximum_iterations を 1000 にしています．

　1回のエピソードで終了するようにしていますが，その前に最大イテレーション（1000）の条件に合致し，事前データの収集が終わります．

リスト 4.20 画像情報を利用したロボットアームの一部：kuka_DQN_PyBullet.py

```
1  from pybullet_envs.bullet.kukaCamGymEnv import KukaCamGymEnv
2   (中略)
3    env_py = KukaCamGymEnv(renders=True,isDiscrete=True)
4   (中略)
5      num_episodes = 1,
```

　以下のコマンドで実行すると図 1.1（d）が表示されます．スペースインベーダーと同じように入力が画像ですので，普通の PC では学習に時間がかかります．

　　実行：python（Windows），python3（Linux, Mac）

```
$ python KukaCam_DQN_PyBullet.py
```

4.12 物理エンジン（PyBullet）のリフティング問題への適用

できるようになること 物理エンジン（PyBullet）をリフティング問題へ組み込む
使用プログラム lifting_DQN_PyBullet.py

　本節では PyBullet をリフティング問題に適用します．サンプルを改造するのではなく，はじめから別の問題を作ることを行います．ここでは環境を設定するク

ラスに gym を用います.

この節では以下のファイルを同じディレクトリに作成します.

- lifting_DQN_PyBullet.py
- lifting_bullet.py
- ball.urdf
- racket.urdf

実行は次のコマンドで行います.

　実行：python（Windows），python3（Linux，Mac）

```
$ python lifting_DQN_PyBullet.py
```

なお，表示は**図4.13**のようになります．3次元の表示になりますが，行っていることは同じです.

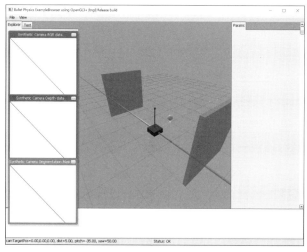

図 4.13　PyBullet を用いたリフティング問題

リフティング問題を深層強化学習で扱うプログラム（4.7節，リスト4.8：lifting_DQN.py）を**リスト4.21**のように変更することで実現できます.

リスト 4.21 PyBullet 版のリフティング問題：lifting_DQN_PyBullet.py の一部

```
 1  #import gym   #削除
 2  import pybullet as p
 3  import time
 4  from lifting_bullet import LiftingBulletEnv
 5   （中略）
 6    env_py = LiftingBulletEnv(renders=True)
 7    env = tf_py_environment.TFPyEnvironment( gym_wrapper.GymWrapper(env_py) )
 8   （中略）
 9  #       if episode%10 == 0:#10回に1回だけ描画（高速に行うため）
10  #          env_py.render('human')
11          time.sleep(0.01)#高速に行うときには削除
```

PyBullet を lifting_bullet.py に組み込む方法を説明します.

ここでは，**リスト 4.22** の lifting_bullet.py を初期設定，初期化，実行に分けて説明します．その他にもいくつかメソッドがありますが，これらは cartpole_bullet.py と同じです．なお，このプログラムはもっと簡単に書くことができますが，4.10 節で用いた cartpole_bullet.py の書き方に似せています．PyBullet から提供されているプログラムを読むときの手助けになることを期待しています.

リスト 4.22 PyBullet 版のリフティング問題のシミュレータクラスの一部：lifting_bullet.py

```
 1  #シミュレータクラスの設定
 2  class LiftingBulletEnv(gym.Env):
 3    metadata = {'render.modes': ['human', 'rgb_array'], 'video.frames_per_
    second': 50}
 4    def __init__(self, renders=True, discrete_actions=True):
 5      self._renders = renders
 6      self._physics_client_id = -1
 7      self.gravity = 9.8
 8      self.x_threshold = 2.4   #ラケットの移動範囲
 9      self.force_mag = 10      #ラケットを移動させるための力
10      high = np.array([self.x_threshold,np.finfo(np.float32).max, self.x_
    threshold, self.x_threshold, np.finfo(np.float32).max])
11      self.action_space = spaces.Discrete(2)
12      self.observation_space = spaces.Box(-high, high, dtype=np.float32)
13      self.ballInitPosition = [1, 0, 1]   #ボールの初期位置
14      self.ballInitVelocity = [-2, 0, 0]  #ボールの初期速度
15      self.seed()
16      self.reset()
```

```
17      self.viewer = None
18      self._configure()
19  #行動による状態変化
20    def step(self, action):
21      p = self._p
22      force = self.force_mag if action==1 else -self.force_mag
23
24      p.setJointMotorControl2(self.racket, 0, p.TORQUE_CONTROL, force=force)
25      p.stepSimulation()
26
27      ball_pos, _ = p.getBasePositionAndOrientation(self.ball)
28      ball_x, ball_y, ball_z = ball_pos
29      ball_vel, _ = p.getBaseVelocity(self.ball)
30      ball_vx, ball_vy, ball_vz, = ball_vel
31      racket_x, racket_vx = p.getJointState(self.racket, 0)[0:2]
32
33      reward = 0
34      done = False
35      self.state = [racket_x, racket_vx, ball_x, ball_z, ball_vx]
36      done = False
37      if ball_z < 0 or racket_x > self.x_threshold or racket_x < -self.x_
    threshold:
38          reward = -1.0
39          done = True
40      elif len(p.getContactPoints(self.racket, self.ball, 0, -1)) > 0:  #ラケッ
    ト(0)とボール(-1)の衝突検知
41          reward = 1.0
42
43      return np.array(self.state), reward, done, {}
44  #初期化
45    def reset(self):
46      if self._physics_client_id < 0:
47          self._p = bc.BulletClient(connection_mode=p2.GUI)
48          self._physics_client_id = self._p._client
49
50          p = self._p
51          p.resetSimulation()
52
53          self.racket = p.loadURDF("racket.urdf", [0, 0, 0])
54          self.ball = p.loadURDF("ball.urdf", [0, 0, 0])
55
```

```
56        p.changeDynamics(self.racket, -1, linearDamping=0, angularDamping=0,
    lateralFriction=0, spinningFriction=0, rollingFriction=0, restitution=0.95 )
    #物体の性質
57        p.changeDynamics(self.racket, 0, linearDamping=0, angularDamping=0,
    lateralFriction=0, spinningFriction=0, rollingFriction=0, restitution=0.95 )
58        p.changeDynamics(self.racket, 1, linearDamping=0, angularDamping=0,
    lateralFriction=0, spinningFriction=0, rollingFriction=0, restitution=0.95 )
59        p.changeDynamics(self.racket, 2, linearDamping=0, angularDamping=0,
    lateralFriction=0, spinningFriction=0, rollingFriction=0, restitution=0.95 )
60        p.changeDynamics(self.ball, -1, linearDamping=0, angularDamping=0,
    lateralFriction=0, spinningFriction=0, rollingFriction=0, restitution=0.95 )
61        p.resetJointState(self.racket, 1, self.x_threshold)  #壁の位置
62        p.resetJointState(self.racket, 2, -self.x_threshold)
63        p.setJointMotorControl2(self.racket, 0, p.VELOCITY_CONTROL, force=0)  #
    ラケットの動作
64
65        p.setGravity(0, 0, -self.gravity)
66        p.setTimeStep(0.02)
67        p.setRealTimeSimulation(0)
68
69     p = self._p
70        p.resetBasePositionAndOrientation(self.ball, self.ballInitPosition, p.getQ
    uaternionFromEuler([0,0,0]))
71        p.resetBaseVelocity(self.ball, self.ballInitVelocity)
72        p.resetJointState(self.racket, 0, 0, 0)
73        self.state = [0, 0, self.ballInitPosition[0], self.ballInitPosition[2],
    self.ballInitVelocity[0]]
74
75        return np.array(self.state)
76
77   （その他のメソッドはcartpole_bullet.pyと同じ）
```

__init__ メソッド（初期設定）

まず，self._renders はアニメーションを表示するかどうかを設定する変数で，参考にした cartpole_bullet.py ではデフォルトでは表示しない（False）ようになっています．アニメーション表示は確認のためには有用ですが，毎回表示すると学習に時間がかかります．

self._physics_client_id はいろいろな役割がありますが，ここでは 1 回目の動作かどうかを調べるために利用しています．

8行目でラケットの移動範囲を設定し，9行目でラケットを移動させるための力を設定しています．

そして，self.action_space に行動の次元を設定し，self.observation_space に状態の取りうる範囲を設定しています．

なお，リフティング問題の状態として，ラケットの位置と速度，ボールの水平位置と垂直位置，ボールの水平方向の速度の5状態です．

そして，ボールの初期位置 (ballInitPosition) と初期速度 (ballInitVelocity) を設定しています．

その後，reset メソッドを実行して初期化を行います．

reset メソッド (初期化)

最初の if 文 (46行目) で1回目の動作かどうかを調べています．

1回目の動作の場合，47〜67行目が実行されます．p.loadURDF 関数でラケット (racket.urdf) とボール (ball.urdf) の設定ファイルを読み込んでいます．なお，ラケットの設定ファイルは壁以外は4.10節で用いた cartpole.urdf と同じで，ボールの設定ファイルは4.9節と同じです．

56〜67行目で物体の粘性抵抗などを設定しています．今回は衝突を含むため，摩擦を0とし，反発係数 (restitution) を0.99としています．ここでは，2つ目の引数がIDになっています．IDと物体の関係について説明するために lifting_cart.urdf の構造を**リスト 4.23** に示します．リンクは最初のものに-1が割り当てられ，それ以降は順番にIDが付きます．ジョイントは0から順にIDが付きます．

リスト 4.23 設定ファイルの一部：lifting_cart.urdf

```
 1  <?xml version="1.0"?>
 2  <robot name="racket">
 3      <link name="slideBar">
 4      (中略)
 5      <link name="racket">
 6      (中略)
 7      <joint name="slideBar-racket" type="prismatic">
 8      (中略)
 9      <link name="leftWall">
10      (中略)
11      <joint name="slideBar-leftWall" type="fixed">
```

```
12    (中略)
13    <link name="rightWall">
14    (中略)
15    <joint name="slideBar-rightWall" type="fixed">
16    (中略)
17  </robot>
```

ID と名前の関係をまとめると**表 4.3** になります.

表 4.3　ID と名前の関係

リンクの名前	リンクの ID
slideBar	-1
racket	0
leftWall	1
rightWall	2

ジョイントの名前	ジョイントの ID
slideBar-racket	0
slideBar-leftWall	1
slideBar-rightWall	2

resetJointState 関数で壁の位置を設定しています. setJointMotorControl2 関数は動作させるときの力や速度を決める関数で, ここでは速度制御を 0 に設定しています.

重力の設定（setGravity 関数）, シミュレーション間隔の設定（setTimeStep 関数）, リアルタイムにシミュレーションを行うかどうかの設定（setRealTime Simulation 関数（0 は行わない））を行っています.

その後, 69〜73 行目で初期状態に戻すための設定を行っています.

step メソッド（実行）

action の値によって force を決めて, stepSimulation 関数でシミュレーションを 1 ステップ進めます. その後, ボールの位置と速度（27〜30 行目）とラケットの位置と速度（31 行目）を調べます.

37 行目の if 文でボールが落ちたり, ラケットが範囲を超えているかを調べています. その場合は報酬を-1 にして, done を True にしてエピソードを終わらせるための設定をします.

40 行目の elif 文でボールとラケットの衝突を調べています. その場合は報酬を 1 にしています.

4.13 物理エンジン（PyBullet）の ブルドーザ問題への適用

できるようになること 物理エンジン（PyBullet）を用いて，gym を用いずにブルドーザで物体を押す問題を扱える

使用プログラム bullDozer_DQN_PyBullet.py

4.12節のPyBullet を用いたリフティング問題では gym を使わずに構築しましたが，環境を構築するシミュレータクラス（lifting_bullet.py）は gym.ENV を継承していました．最後に全く gym を使用せずに環境を構築するクラスを TF-Agents に対応した書き方に変更したプログラムを紹介します．

ブルドーザ問題では**図4.14**に示すようにタイヤが2つ付いた車とボールが表示されます．2つのタイヤをうまく回転させることで前進，後進や回転が行えます．ボールをうまく押して原点位置に押し込めば報酬が得られるといった問題です．

ここでは簡単のため，直進すればボールが原点にぶつかるように設定しています．例えば，ボールの位置を変えたり，ボールの個数を増やすと問題は面白くなります．

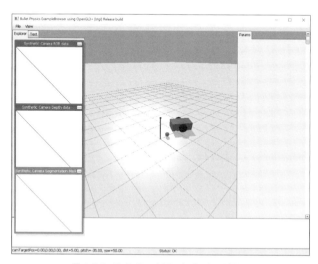

図4.14 PyBullet を用いたブルドーザ問題

この節では以下のファイルを同じディレクトリに作成します．

- BullDozer_DQN_PyBullet.py
- bulldozer_bullet.py
- bulldozer.urdf
- ball.urdf
- plane.urdf
- plane100.obj

実行は次のコマンドで行います．はじめはブルドーザがプルプル動いて前に進まない状態が続きます．

実行：python（Windows），python3（Linux，Mac）

```
$ python bullDozer_DQN_PyBullet.py
```

それでは PyBullet だけでブルドーザ問題を組み込む方法を説明します．プログラムを**リスト 4.24** に示します．まず，bullDozer_DQN_PyBullet.py はリフティング問題を深層強化学習で扱うプログラム（4.7 節，リスト 4.8：lifting_DQN.py）をリスト 4.24 のように変更することで実現できます．そして，7 行目の tf_py_environment.TFPyEnvironment とすることで gym_wrapper.GymWrapper を使わないようになります．ゴールに入ると報酬が 1 となります．

リスト 4.24 PyBullet 版のブルドーザ問題を DQN に組み込むプログラムの一部：bullDozer_DQN_
PyBullet.py

```
 1  #import gym   #削除
 2  import pybullet as p
 3  import time
 4  from bulldozer_bullet import BulldozerBulletEnv
 5    (中略)
 6    env_py = BulldozerBulletEnv()
 7    env = tf_py_environment.TFPyEnvironment(env_py)
 8    (中略)
 9      for t in range(1000):   #1000ステップまで行う
10        time.sleep(0.01)       #高速に行うときには削除
```

次に，bulldozer_bullet.py を**リスト 4.25** に示します．4.12 節のリフティング問題と同様の手順で説明します．gym を用いないときの最大の違いは _reset メソッ

ドと _step メソッドの戻り値を作るときにネズミ学習問題や迷路問題（skinner_
DQN.py, maze_DQN.py）で行ったように ts.transition 関数などを使う点です.

__init__ メソッド（初期設定）
　ブルドーザ問題の状態は，ボールの位置 (x, y)，ブルドーザの位置 (x, y)
と方向の 5 状態ですので，_observation_spec に 5 状態の設定をしていま
す．そして，ボールの初期位置（ballInitPosition）とブルドーザの初期位
置（boxInitPosition）と初期方向（boxInitOrientation）を設定しています.
この問題はブルドーザが遠ざかったら終了させるため，動作範囲（boundary）
を設定しています．行動は左右の車輪の正転と逆転の組み合わせですので
4 つです.

_reset メソッド（初期化）
　リフティング問題と異なる点が 2 つあります．1 つは，gym を用いない場合
はメソッド名にアンダースコア（アンダーバー）をつける点です．もう 1 つ
は，戻り値を ts.restart 関数で生成する点です.

_step メソッド（実行）
　_step メソッドも，gym を用いない場合はメソッド名にアンダースコアを付
ける必要があります．そして，戻り値を ts.termination 関数（エピソードを
終了させるとき）と ts.transition 関数（エピソードが続く場合）で生成する
点です.

　ブルドーザ問題では action の値によって force を決めて，左右の車輪を回
転させています．左右の車輪にトルクを与えることで動作します．そして，
衝突したときの処理は自動的に行われます．物理エンジンを用いると簡単に
実現できますね.

　位置と方位を更新した後，ボールの状態によって報酬を与えるかどうかを決
めます.

　51 行目の if 文では設定するフィールドの範囲をボールやブルドーザ
が越えていないかを調べています．越えている場合は報酬を-1 にして
ts.termination 関数で終了するための戻り値を生成します.

　57 行目の elif 文ではボールが原点付近にあるかどうかを調べています．近く
にある場合は報酬を 1 にして ts.termination 関数で終了するための戻り値
を生成します.

60行目の else ではそれ以外の状態にあるので，エピソードを続けるために
報酬を0として ts.transition で継続するための戻り値を生成します.

リスト 4.25 PyBullet 版のブルドーザ問題のシミュレータクラスの一部：bulldozer_bullet.py

```
 1  class BulldozerBulletEnv(py_environment.PyEnvironment):
 2    def __init__(self, display=False):
 3      super(BulldozerBulletEnv, self).__init__()
 4
 5      (初期値などの設定)
 6      self._observation_spec = array_spec.BoundedArraySpec(
 7        shape=(5,),
 8        dtype=np.float32,
 9        minimum=[-self.boundary, -self.boundary, -self.boundary, -self.
boundary,np.finfo(np.float32).min],
10        maximum=[self.boundary, self.boundary, self.boundary, self.boundary,np.
finfo(np.float32).max],
11      )
12      self._action_spec = array_spec.BoundedArraySpec(
13        shape=(), dtype=np.int32, minimum=0, maximum=3)
14      )
15      self._physics_client_id = -1
16      self.__lastDistance = 0
17      self._reset()
18    def observation_spec(self):
19      return self._observation_spec
20    def action_spec(self):
21      return self._action_spec
22  #初期化
23    def _reset(self):
24      if self._physics_client_id < 0:
25        self._physics_client_id = p.connect(p.GUI)
26        p.resetSimulation()
27      (ボール，ブルドーザ，地面の設定)
28
29      self._episode_end = False
30
31      self._state = [ self.ballInitPosition[0], self.ballInitPosition[1], self.
boxInitPosition[0], self.boxInitPosition[1], self.boxInitOrientation[2] ]
32      time_step = ts.restart(np.array(self._state, dtype=np.float32))
33
34      return time_step
```

```
35  #行動による状態変化
36    def _step(self, action):
37      if self._episode_end is True:
38        return self.reset()
39
40      if action == 0:
41        force = (self.forceMag, self.forceMag)
42      elif action == 1:
43        force = (self.forceMag, -self.forceMag)
44      elif action == 2:
45        force = (-self.forceMag, self.forceMag)
46      elif action == 3:
47        force = (-self.forceMag, -self.forceMag)
48      else:
49        raise Exception(f"<action> should be 0,1,2,3 but got: {action}.")
50  (ボールとブルドーザの位置，方向の更新)
51      if   box_x > self.boundary or box_x < -self.boundary  \
52        or box_y > self.boundary or box_y < -self.boundary  \
53        or ball_x > self.boundary or ball_x < -self.boundary  \
54        or ball_y > self.boundary or ball_y < -self.boundary:
55        self._episode_end = True
56        time_step = ts.termination(np.array(self._state, dtype=np.float32),
    reward=-1)
57      elif ball_x * ball_x + ball_y * ball_y < self.distanceThreshold * self.
    distanceThreshold:
58        self._episode_end = True
59        time_step = ts.termination(np.array(self._state, dtype=np.float32),
    reward=1)
60      else:
61        time_step = ts.transition(np.array(self._state, dtype=np.float32),
    reward=0, discount=1)
62
63      return time_step
```

4.14 対戦ゲーム：石取りゲーム

できるようになること 2つのエージェントが競い合いながらゲームを学習する基礎を知る

使用プログラム train_stone_game.py, play_stone_game.py

本節では深層強化学習で対戦ゲームを作ります．対戦ゲームのポイントはエー

ジェントを2つ使用する点です.

　最初はなるべく簡単なゲームとするため，石取りゲームを対象とします.このゲームには必勝法がありますので，強くなったエージェントが必勝法をマスターしているかどうかで学習できているかどうかを確認できます.

　まず深層強化学習によるエージェント同士を対戦させて強くし，ポリシーを作成します.そして，学習済みポリシーを使って人間と対戦することを行います.これはちょうど将棋や囲碁の学習と同じようなものになります.

　なお，このプログラムを基にして，次の節で説明するリバーシプログラムを作ります.リバーシプログラムにそのまま使えるように対戦するエージェントの名前を Black と White にしています.

🅒 4.14.1　石取りゲーム

　まずは石取りゲームのルールとその必勝法を説明します.

石取りゲームのルール

　最初に石の数を決めておきます.エージェントは交互に1～3個の好きな数の石を取り，最後の1つを取ると負けです.ここでは具体的な例として**図4.15**にあるように11個の石があるとします.例えば，Agent Black が2個，Agent White が3個といった具合に交互に取っていきます.図4.15の例では Agent White が最後の1つを取ったので負けということになります.

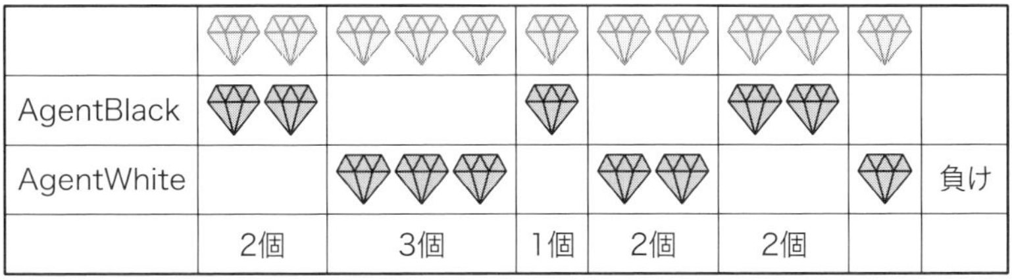

図4.15 石取りゲーム

石取りゲームの必勝法

　石取りゲームには必勝法があります.**図4.16**に取ったら負けとなる石を示しています.

　例えば，石が10個の場合を考えます．先手が1個取ります．後手の1手目が1個だったら，先手の2手目で3個取れば負けとなる石を取らせることができます．後手の2手目が3個だったら，先手の2手目で1個取れば最後の石を取らせることができます．この考え方をすると，石の数が$4n+1$のときだけ後手必勝，それ以外は先手必勝となります．

　必勝法は残りの石の数をmとすると$m-1$を4で割ったあまりの数を取ることで，0の場合は必勝法となる手がないことになります．必勝法を表にまとめると**表4.4**となります．表中の*印は取ると負けとなる石の数ですので，必勝法がないことを表しています．

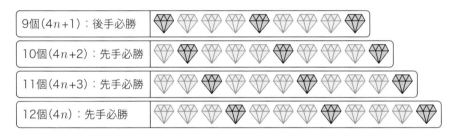

図4.16 石取りゲームの必勝法

表4.4 残りの石の数と必勝法の取り方の関係

残りの石の数	1	2	3	4	5	6	7	8	9	10	11	12	13	14	15	…
必勝法の取り方	*	1	2	3	*	1	2	3	*	1	2	3	*	1	2	…

　まずは，筆者が事前に用意した学習済みポリシーを用いて実際にコンピュータと勝負してみましょう．用意している石の数は9〜12個の石の場合のみです．プログラムと同じフォルダに9〜12のフォルダがあります．このフォルダの中にそれぞれの石の数で学習した学習済みポリシー（policy_black フォルダ，policy_white フォルダ）があります．

　この2つのフォルダをプログラムと同じフォルダにコピーして，play_stone_game.py の中の SIZE 変数を変更してから以下のコマンドを実行します．

　実行：python（Windows），python3（Linux, Mac, RasPi）

```
$ python play_stone_game.py
```

　実行後は**ターミナル出力 4.5** のように表示されます．ここでは，9 フォルダに
ある 2 つのポリシーを使いました．なお，簡単のため入力の数字が 1〜3 以外で
も石が取れてしまいます．

ターミナル出力 4.5　play_stone_game.py の実行結果

```
=== 石取りゲーム ===
先攻（1） or 後攻（2）を選択：2
ゲームスタート！
残り9本です.
1本取りました.
残り8本です.
何本取りますか？ （"1- 3"）：3
2本取りました.
残り5本です.
2本取りました.
残り3本です.
何本取りますか？ （"1- 3"）：2
1本取りました.
残り1本です.
2本取りました.
あなたの勝ち
```

◉ 4.14.2　学習のポイント

　これまで説明した深層強化学習では「行動前の状態，行動，行動後の状態 + 報
酬」の 3 点セットで行動を保存し，学習に利用していました．これに対して，対
戦ゲームでは「石を取る前の状態，そのときの行動，【次に石を取るときの】状
態 + 報酬」の 3 点セットが必要になります．つまり，行動してすぐ後の石の状態
は使わないのです．この学習の仕方が対戦ゲームのポイントとなりますので，**図
4.17** を使って詳しく手順を説明します．

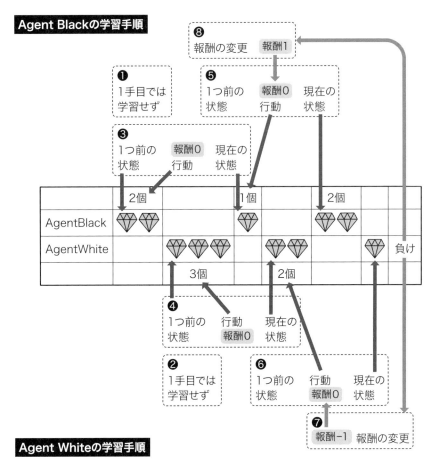

図4.17 手番と学習の関係

　まず，1手目が終わってすぐは，学習のための3点セットのうち，石を取る前の状態とそのときの行動は得られますが，次に石を取るときの状態がわかりません．そのため，学習のためのデータが作れず，1手目では学習を行いません．そこで，石を取る前の状態とその行動を覚えておきます．これが図4.17の**❶**と**❷**になります．

　次に，黒の2手目の手番になったとき，**❸**に示すような学習のための3点セットがそろいます．この3点セットを用いて学習します．白の2手目（**❹**），黒の3手目（**❺**）も同様です．同じように，白の3手目（**❻**）はとりあえず報酬0で学習します．

　手番が終わると勝敗判定をしますが，この点も対戦ゲームのキーポイントとなります．白が負けたことがわかると，先ほどの手（❻）は実は報酬を与えるべき手となっていることがわかります．そこで，❼に示すように1つ前の報酬を-1（REWARD_LOSE）に変更した3点セットを保存しなおすことになります．同様に，1つ前の黒の手番（❺）の手が実は報酬を与えるべき手となっていました．そこで，❽に示すように1つ前の報酬を1（REWARD_WIN）変更した3点セットを保存しなおすことになります．

🄒 **4.14.3 学習プログラム**

　対戦ゲームの学習プログラムの説明をしていきます．深層強化学習で必要となる状態，行動，報酬は次のように設定します．

- 状態：石の数の配列を用意して，それぞれに0，1のいずれかの値を設定
- 行動：取る石の数
- 報酬：勝った場合は1，負けた場合は-1，それ以外は0

　学習プログラムを**リスト4.26**に示し，そのフローチャートを**図4.18**に示します．対戦ゲームの最初ですのでプログラムはすべて示します．図4.18のフローチャートに沿ってプログラムを簡単に説明した後，ポイントとなる点を説明します．

　まず，シミュレータクラスを設定します．ここではシミュレータクラスをBoardと名付けました．次に，ネットワーククラスの設定を行います．ネットワーククラスはこれまでと同じです．その後，その他の設定で2つのエージェントを設定します．設定項目はこれまでと同じですが2つ設定する点に特徴があります．そして，行動と学習を行うフローチャートの破線部分では，行動の保存と学習を先に行い，その後に行動決定と行動を行います．

　なお，学習は以下のコマンドで行います．

　実行：python（Windows），python3（Linux，Mac，RasPi）

```
$ python train_stone_game.py
```

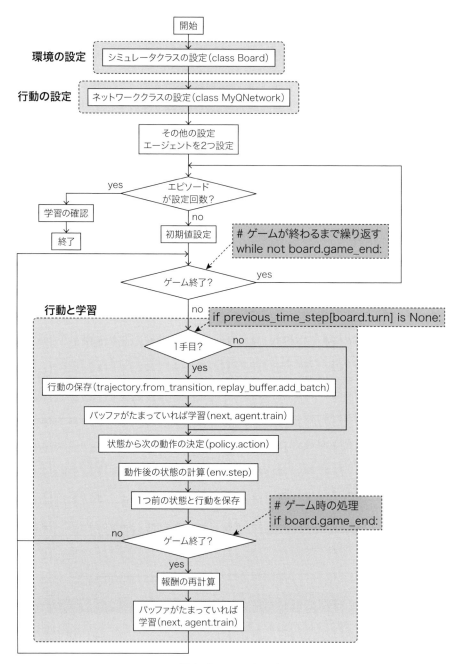

図4.18 フローチャート

リスト 4.26 石取りゲームの学習：train_stone_game.py

```
 1  import tensorflow as tf
 2  from tensorflow import keras
 3
 4  from tf_agents.environments import gym_wrapper, py_environment, tf_py_
    environment
 5  from tf_agents.agents.dqn import dqn_agent
 6  from tf_agents.networks import network
 7  from tf_agents.replay_buffers import tf_uniform_replay_buffer
 8  from tf_agents.policies import policy_saver
 9  from tf_agents.trajectories import time_step as ts
10  from tf_agents.trajectories import trajectory, policy_step as ps
11  from tf_agents.specs import array_spec
12  from tf_agents.utils import common, nest_utils
13
14  import numpy as np
15  import random
16  import copy
17
18  SIZE = 9         #石の数
19  BLACK = 1        #黒の名前
20  WHITE = 2        #白の名前
21  REWARD_WIN = 1   #勝ったときの報酬
22  REWARD_LOSE = -1 #負けたときの報酬
23  #シミュレータークラス
24  class Board(py_environment.PyEnvironment):
25    def __init__(self):
26      super(Board, self).__init__()
27      self._observation_spec = array_spec.BoundedArraySpec(
28        shape=(SIZE,),  dtype=np.int32, minimum=0, maximum=1
29      )
30      self._action_spec = array_spec.BoundedArraySpec(
31        shape=(), dtype=np.int32, minimum=0, maximum=2
32      )
33      self._reset()
34    def observation_spec(self):
35      return self._observation_spec
36    def action_spec(self):
37      return self._action_spec
38  #初期化
39    def _reset(self):
40      self._board = np.zeros((SIZE), dtype=np.int32)
```

```
41    self._bn = 0
42    self.winner = None
43    self.turn = random.choice([WHITE,BLACK])
44    self.game_end = False  #ゲーム終了チェックフラグ
45    time_step = ts.restart(self._board.copy())
46    return nest_utils.batch_nested_array(time_step)
47  #行動による状態変化
48    def _step(self, pos):
49      pos = nest_utils.unbatch_nested_array(pos)
50      self._bn = self._bn + pos + 1
51      if self._bn >= SIZE:
52        self.game_end = True
53        self.winner = WHITE if self.turn == BLACK else BLACK
54        self._bn = SIZE
55        self._board[0:self._bn] = 1
56        time_step = ts.termination(self._board.copy(), reward=0)
57      else:
58        self._board[0:self._bn] = 1
59        time_step = ts.transition(self._board.copy(), reward=0, discount=1)
60      return nest_utils.batch_nested_array(time_step)
61  #手番の交代
62    def change_turn(self):
63      self.turn = WHITE if self.turn == BLACK else BLACK
64    @property
65    def batched(self):
66      return True
67    @property
68    def batch_size(self):
69      return 1
70  #必勝法通りかチェックするためのメソッド
71    def check(self, pos):
72      self._board = np.zeros((SIZE), dtype=np.int32)
73      self._board[0:pos]=1
74      time_step = ts.restart(self._board)
75      return nest_utils.batch_nested_tensors(time_step)
76  #ネットワーククラスの設定
77  class MyQNetwork(network.Network):
78    def __init__(self, observation_spec, action_spec, n_hidden_channels=256,
    name='QNetwork'):
79      super(MyQNetwork,self).__init__(
80        input_tensor_spec=observation_spec,
81        state_spec=(),
```

```
82          name=name
83       )
84       n_action = action_spec.maximum - action_spec.minimum + 1
85       self.model = keras.Sequential(
86         [
87           keras.layers.Dense(n_hidden_channels, activation='relu', kernel_
   initializer='he_normal'),
88           keras.layers.Dense(n_hidden_channels, activation='relu', kernel_
   initializer='he_normal'),
89           keras.layers.Dense(n_action, kernel_initializer='he_normal'),
90         ]
91       )
92     def call(self, observation, step_type=None, network_state=(),
   training=True):
93       actions = self.model(observation, training=training)
94       return actions, network_state
95
96   def main():
97   #環境の設定
98     env_py = Board()
99     env = tf_py_environment.TFPyEnvironment(env_py)
100  #黒と白の2つを宣言するために先に宣言
101    primary_network = {}
102    agent = {}
103    replay_buffer = {}
104    iterator = {}
105    policy = {}
106    tf_policy_saver = {}
107
108    n_step_update = 1
109    for role in [BLACK, WHITE]:  #黒と白のそれぞれの設定
110  #ネットワークの設定
111      primary_network[role] = MyQNetwork(env.observation_spec(), env.action_
   spec())
112  #エージェントの設定
113      agent[role] = dqn_agent.DqnAgent(
114        env.time_step_spec(),
115        env.action_spec(),
116        q_network = primary_network[role],
117        optimizer = keras.optimizers.Adam(learning_rate=1e-3,epsilon=1e-7),
118        n_step_update = n_step_update,
119        target_update_period=100,
```

```
120        gamma=0.99,
121        train_step_counter = tf.Variable(0)
122      )
123      agent[role].initialize()
124      agent[role].train = common.function(agent[role].train)
125 #行動の設定
126      policy[role] = agent[role].collect_policy
127 #データの保存の設定
128      replay_buffer[role] = tf_uniform_replay_buffer.TFUniformReplayBuffer(
129        data_spec=agent[role].collect_data_spec,
130        batch_size=env.batch_size,
131        max_length=10**5
132      )
133      dataset = replay_buffer[role].as_dataset(
134        num_parallel_calls=tf.data.experimental.AUTOTUNE,
135        sample_batch_size=128,
136        num_steps=n_step_update+1
137      ).prefetch(tf.data.experimental.AUTOTUNE)
138      iterator[role] = iter(dataset)
139 #ポリシーの保存設定
140      tf_policy_saver[role] = policy_saver.PolicySaver(agent[role].policy)
141
142    num_episodes = 2000
143    epsilon = np.concatenate([np.linspace(start=1.0, stop=0.0, num=1600),
    np.zeros((400,)),],0)
144
145    action_step_counter = 0
146    replay_start_size = 100
147
148    winner_counter = {BLACK:0, WHITE:0}         #黒と白の勝った回数
149    episode_average_loss = {BLACK:[], WHITE:[]}  #黒と白の平均loss
150    for episode in range(1, num_episodes + 1):
151      policy[WHITE]._epsilon = epsilon[episode-1]  #ε-greedy法用
152      policy[BLACK]._epsilon = epsilon[episode-1]
153      env.reset()
154
155      rewards = {BLACK:0, WHITE:0}  #報酬リセット
156      previous_time_step = {BLACK:None, WHITE:None}
157      previous_policy_step = {BLACK:None, WHITE:None}
158
159      while not env.game_end:  #ゲームが終わるまで繰り返す
160        current_time_step = copy.deepcopy(env.current_time_step())
```

```
161      if previous_time_step[env.turn] is None:  #1手目は学習データを作らない
162        pass
163      else:
164        traj = trajectory.from_transition( previous_time_step[env.turn],
      previous_policy_step[env.turn], current_time_step )  #データの生成
165        replay_buffer[env.turn].add_batch( traj )          #データの保存
166        if action_step_counter >= 2*replay_start_size:     #事前データ作成用
167          experience, _ = next(iterator[env.turn])
168          loss_info = agent[env.turn].train(experience=experience)  #学習
169          episode_average_loss[env.turn].append(loss_info.loss.numpy())
170        else:
171          action_step_counter += 1
172
173      policy_step = policy[env.turn].action(current_time_step)  #状態から行動
      の決定
174      _ = env.step(policy_step.action)  #行動による状態の遷移
175
176      previous_time_step[env.turn] = current_time_step  #1つ前の状態の保存
177      previous_policy_step[env.turn] = policy_step      #1つ前の行動の保存
178
179      if env.game_end:                      #ゲーム終了時の処理
180        if env.winner == BLACK:             #黒が勝った場合
181          rewards[BLACK] = REWARD_WIN       #黒の勝ち報酬
182          rewards[WHITE] = REWARD_LOSE      #白の負け報酬
183          winner_counter[BLACK] += 1
184        else:                               #白が勝った場合
185          rewards[WHITE] = REWARD_WIN
186          rewards[BLACK] = REWARD_LOSE
187          winner_counter[WHITE] += 1
188        #エピソードを終了して学習
189        final_time_step = env.current_time_step()  #最後の状態の呼び出し
190        for role in [WHITE, BLACK]:
191          final_time_step = final_time_step._replace(step_type =
      tf.constant([2], dtype=tf.int32), reward = tf.constant([rewards[role]],
      dtype=tf.float32),)  #最後の状態の報酬の変更
192          traj = trajectory.from_transition( previous_time_step[role],
      previous_policy_step[role], final_time_step )  #データの生成
193          replay_buffer[role].add_batch( traj )  #事前データ作成用
194          if action_step_counter >= 2*replay_start_size:
195            experience, _ = next(iterator[role])
196            loss_info = agent[role].train(experience=experience)
197            episode_average_loss[role].append(loss_info.loss.numpy())
```

```
198        else:
199            env.change_turn()
200
201        #学習の進捗表示（100エピソードごと）
202        if episode % 100 == 0:
203            print(f'==== Episode {episode}: black win {winner_counter[BLACK]}, white
    win {winner_counter[WHITE]} ====')
204            if len(episode_average_loss[BLACK]) == 0:
205                episode_average_loss[BLACK].append(0)
206            print(f'<BLACK> Average Loss: {np.mean(episode_average_loss[BLACK]):.6f},
    Epsilon:{policy[BLACK]._epsilon:.6f}')
207            if len(episode_average_loss[WHITE]) == 0:
208                episode_average_loss[WHITE].append(0)
209            print(f'<WHITE> Average Loss:{np.mean(episode_average_loss[WHITE]):.6f},
    Epsilon:{policy[WHITE]._epsilon:.6f}')
210            #カウンタ変数の初期化
211            winner_counter = {BLACK:0, WHITE:0
212            episode_average_loss = {BLACK:[], WHITE:[]
213
214    tf_policy_saver[WHITE].save(f'policy_white')
215    tf_policy_saver[BLACK].save(f'policy_black')
216
217  #必勝法チェック
218    for role in [WHITE, BLACK]:
219        print(role)
220        for i in range(0,SIZE):
221            current_time_step = env.check(i)
222            policy_step = agent[role].collect_policy.action(current_time_step)
223            print('残り本数',SIZE-i,'取る数',policy_step.action.numpy().tolist()
    [0]+1,'必勝法',(SIZE-i-1)%4,'なんでもよい' if (SIZE-i-1)%4 == 0 else ('正解'
    if (SIZE-i-1)%4 == policy_step.action.numpy().tolist()[0]+1 else '不正解'))
224
225  if __name__ == '__main__':
226    main()
```

対戦ゲームを作るうえでポイントになる部分の説明を行います．

1. その他の設定

まず，2つのエージェントを設定する点がポイントとなります．primary_network，
agent，policy，replay_buffer，iterator を for 文を用いてそれぞれ2つ用意しま

す（109〜140行目）．それぞれの設定はこれまでの深層強化学習と同じです．

　そして，対戦ゲームでは driver を用いて replay_buffer を既定の数だけ保存することを行いません．これが，大きな違いとなります．driver を用いずに，ゲーム中に replay_buffer を replay_start_size（146行目で設定）の数だけ保存するための部分を作成します．

　また，対戦ゲームだけに必要な方法ではないのですが，12行目で nest_utils をインポートしている点がこれまでと異なります．これは，シミュレータクラス（Board クラス）内に作成した自作関数を外部から呼ぶために必要となります．

2. 行動と学習

　エピソードの設定回数まで学習を繰り返すループに入ります．ここでは1回のゲームの終了までを1エピソードとしたループを行います．なお，env.turn が手番を表す変数となっています．

　学習は1つ前の手番の状態と今回の状態を用いて学習しますので，161行目の if 文で，1手目は学習に用いず（図 4.17 の❶と❷），それ以降だけ学習するようにしています．2手目以降の場合（163行目の else 文），

　trajectory.from_transition 関数と replay_buffer[env.turn].add_batch 関数で replay_buffer に行動を保存しています（図 4.17 の❸〜❻）．ここで，166行目の if 文がポイントの1つとなります．action_step_counter は行動した数になります．この行動した数が146行目で設定した replay_start_size の2倍（先手と後手があるためです）に達したら，agent[env.turn].train 関数で学習するようにしています．

　action_step_counter は171行目でカウントしています．

　その後，173行目の policy[env.turn].action 関数で状態から動作決定の部分で取る石の数を決めます．そして，174行目の env.step 関数で実際に石を取ります．

　次にゲームが終了したかどうかを179行目の if 文で調べます．180〜187行目はどちらが何回勝ったかをカウントする部分ですので学習には必要ない部分です．ゲームが終了している場合は報酬の再計算を行います．この部分が対戦ゲームのポイントの1つとなります．石取りゲームは相手が負けたときに勝ちが確定します．そこで，負けたほうの報酬を REWARD_LOSE（図 4.17 の❼）に，勝ったエージェントの1つ前の手番の報酬を REWARD_WIN（図 4.17 の❽）に変更します．これは，191行目の final_time_step._replace 関数で行っています．

4

深層強化学習

　ゲームが終了していない場合は，env.change_turn 関数（199行目）で手番を変えてまた繰り返します．

3. 学習の確認

　学習が終わったらそれぞれのエージェントが必勝法と同じ数だけ石を取るようになっているかを調べる部分が218～223行目になります．

　学習後に以下の表示がなされます．なお，この例は9個の石を用いた例です．学習ができていない場合は不正解と表示されます．

```
残り本数 9 取る数 1 必勝法 0 なんでもよい
残り本数 8 取る数 3 必勝法 3 正解
残り本数 7 取る数 2 必勝法 2 正解
残り本数 6 取る数 1 必勝法 1 正解
残り本数 5 取る数 2 必勝法 0 なんでもよい
残り本数 4 取る数 3 必勝法 3 正解
残り本数 3 取る数 2 必勝法 2 正解
残り本数 2 取る数 1 必勝法 1 正解
残り本数 1 取る数 2 必勝法 0 なんでもよい
```

● 4.14.4　石の数の変更

　石の数を変更する場合は SIZE 変数の数を変更し，学習を実行して学習モデルを作成します．後述する人間と対戦するためのプログラムでも同様に変更して実行することで，異なる石の数でゲームをすることができます．

● 4.14.5　石取りゲームの実態

　4.14.3 項では深層強化学習の手順に焦点を当てて説明を行いました．ここでは，石取りゲームを実行するときに必要となる Board クラスの中身を説明します．簡単なプログラムで対戦ゲームに必要な構造を理解することで，次節のリバーシを理解する足掛かりなります．また，対戦ゲームを作るときのヒントとしていただけることを期待しています．

　石取りゲームの StoneGame クラスには6個のメソッドがあります．

__init__ メソッド（初期設定）

　これまでの深層強化学習と同じで初期化を行っています．石は SIZE で指定

した数の配列とし，0（まだ取っていない）と1（取った後）として表します．
例えば，SIZE を9とした場合，3個の石が取られていると，状態は [1 1 1 0 0
0 0 0 0] となります．行動は1から3までの数なので，_action_spec では0か
ら2を指定します．

observation_spec メソッド

状態を戻り値として渡すメソッドです．これまでの深層強化学習と同じです．

action_spec メソッド

行動を戻り値として渡すメソッドです．これまでの深層強化学習と同じです．

_reset メソッド（初期化）

初期化を行うためのメソッドです．ここでは，先手をランダムに決めていま
す．先手をランダムに決めるとお互いが強くなるため，より良い戦術が見つ
かります．

また，戻り値は ts.restart 関数の戻り値を使うのではなく，それを nest_
utils.batch_nested_array 関数の引数としたときの戻り値を使います．これ
は，Board クラスの中の自作関数（changeturn 関数と check 関数）を外部から
読み出す場合に必要になります．

_step メソッド（行動による状態の変更）

行動を入力として状態を変えるためのメソッドです．行動として0から2の
数が与えられるため，それに1を足した数だけ石を取っています．ここでは，
取った石の数を self._bn としています．self._bn が設定した石の数（SIZE）
よりも大きくなったら，そのエージェントは負けになります．self.winner
にどちらが勝ったかを代入しています．そして，Q ネットワークの入力に使
う self._board 変数をすべて1にしています．

最後に，ts.termination で戻り値の基となる time_step を作成します．一方，
まだ石が残っている場合は self._board 変数を取った石の数まで1にして，
ts.transition で戻り値の基となる time_step を作成します．

作成した time step を引数として nest utils.batch nested array 関数に渡
し，その戻り値を _step メソッドの戻り値にしています．

change_turn メソッド（手番の変更）

手番を変えるためのメソッドです．

check メソッド（学習結果をチェック）

学習できているかどうかを調べるためのメソッドですので，このメソッドは

学習には用いません．状態を policy 関数で使うことのできる型に変換して
戻す関数です．

◀ 4.14.6 人間との対戦方法

人間と対戦するためのプログラムを**リスト 4.27** に示します．まず，対戦する
石の数を決めます．この石の数は学習済みポリシーの石の数と同じにしなければ
なりません．

人間との対戦では先攻を黒に固定するために，Board クラスの _reset メソッド
中の self.turn を BLACK とします．こうすることで，先攻は黒，後攻は白とな
り，先攻と後攻を11～14行目のように決めることができます．

先攻と後攻が決まったら16～21行目で学習済みポリシーを読み込みます．

コンピュータの手番の場合は30～33行目が実行されます．まず，現在の状態
（石の数など）を取得し（env_py.current_time_step 関数），現在の状態から行動
を選択し（policy.action 関数），行動から石を取ります（env_py.step 関数）．

人間の手番の場合は35～37行目が実行されます．入力を読み取り（input 関
数），その数だけ石を取ります（env_py.step 関数）．

38行目で手番を変えます．

これを繰り返すことで人間と対戦します．

リスト 4.27 石取りゲームの人間との対戦：play_stone_game.py

```
 1  SIZE = 9  #石の数
 2   （中略）
 3  class Board(py_environment.PyEnvironment):
 4    （_resetメソッドでself.turn = BLACKとする以外は同じ）
 5   （中略）
 6  def main():
 7  #環境の設定
 8    env_py = Board()
 9    env = tf_py_environment.TFPyEnvironment(env_py)
10
11    print('=== 石取りゲーム ===')
12    you = input('先攻（1）or 後攻（2）を選択：')
13    you = int(you)
14    assert(you == BLACK or you == WHITE)
15
16    if you == BLACK:
```

```
17        adversary = WHITE
18        adversary_policy_dir = f'policy_white'
19    else:
20        adversary = BLACK
21        adversary_policy_dir = f'policy_black'
22
23    policy = tf.compat.v2.saved_model.load(adversary_policy_dir)  #ポリシーの読
み込み
24
25    print(f'ゲームスタート！')
26    env_py.reset()
27    while not env.game_end:
28      print(f'残り{SIZE-env_py._bn}本です．')
29      if env_py.turn == adversary:  #コンピュータの手番
30        current_time_step = env_py.current_time_step()      #現在の状態
31        policy_step = policy.action( current_time_step )    #現在の状態から行動
32        env_py.step(policy_step.action)                     #行動から状態変化
33        print(f'{int(policy_step.action.numpy())+1}本取りました．')
34      else:                         #あなたの手番
35        pos = input('何本取りますか？（"1- 3"）：')
36        env_py.step(int(pos)-1)
37        print(f'{int(pos)-1}本取りました．')
38      env.change_turn()             #手番のチェンジ
39
40    if env_py.turn == adversary:    #判定
41      print("あなたの負け")
42    else:
43      print("あなたの勝ち")
44
45 if __name__ == '__main__':
46   main()
```

4.15 対戦ゲーム：リバーシ

できるようになること　エージェントを2つ使って競い合いながら少し複雑なゲームを学習する

使用プログラム　train_reversi_DQN_CNN.py, play_reversi_DQN_CNN.py

4.14 節の石取りゲームを基にして，少し複雑なゲームの例としてリバーシを作

ります．リバーシとは，表と裏が白と黒になっている石を使って，同じ色で挟む
と石がひっくり返るゲームです．一般的にはオセロという名前で知られています．

　リバーシの盤面は2次元ですので、盤面をそのまま入力として使って畳み込み
ニューラルネットワークを用いたプログラムを作ります．

◉ 4.15.1 リバーシ

　リバーシは通常8×8の盤面で行いますが，ここでは学習時間を考慮して4×4
の盤面とします．ただし，プログラムを少し変えるだけで8×8にすることもで
きるようになっています．まずはイメージをつかむために実行してみましょう．
reversi_DQN_CNN ディレクトリに移動して次のコマンドを実行します．実行後
は**ターミナル出力 4.6** のように表示されます．

　実行：python（Windows），python3（Linux，Mac）

```
$ python play_reversi_CNN.py
```

ターミナル出力 4.6　play_reversi_DQN_CNN.py の実行結果

```
先攻（黒石，1）or 後攻（白石，2）を選択：1
難易度（弱 1〜10 強）：8
あなたは「○」（先攻）です。ゲームスタート！
   a b c d
 1
 2 ● ○
 3 ○ ●
 4
あなたのターン。
どこに石を置きますか？（行列で指定。例 "4 d"）：1 b
   a b c d
 1   ○
 2   ○ ○
 3 ○ ●
 4
エージェントのターン --> (1,a)
   a b c d
 1 ● ○
 2 ● ○
 3 ○ ●
```

```
   4
あなたのターン。
（中略）
  a b c d
1 ● ● ● ○
2 ● ● ● ○
3 ● ● ● ●
4 ○ ○ ○
あなたのターン。
どこに石を置きますか？（行列で指定。例 "4 d"）：2 d
  a b c d
1 ● ● ● ○
2 ● ● ● ○
3 ● ● ○ ●
4 ○ ○ ○
エージェントのターン --> (4,d)
  a b c d
1 ● ● ● ○
2 ● ● ● ○
3 ● ● ● ●
4 ○ ○ ○ ●
Game over. You lose!
```

●| 4.15.2　学習方法

　対戦ゲームの学習プログラムの説明をします．深層強化学習で必要となる状態，行動，報酬は次のように設定します．

- 状態：2次元の配列で作成された盤面の各マスに0，1，2のいずれかの値を設定
- 行動：盤面に番号が振ってあり，その番号が出力
- 報酬：勝った場合は1，負けた場合は-1，引き分けの場合は0を付与

　学習プログラムのゲームの進め方と学習方法（主にmain関数）を**リスト4.28**，ネットワークを設定するMyQNetworkを**リスト4.29**，シミュレーションを行う環境を扱うBoardクラスを**リスト4.30**に示します．そのフローチャートを**図4.19**に示します．なお，図4.18に示した行動と学習以外のフローチャートは石取りゲームのフローチャートとほぼ同じです．

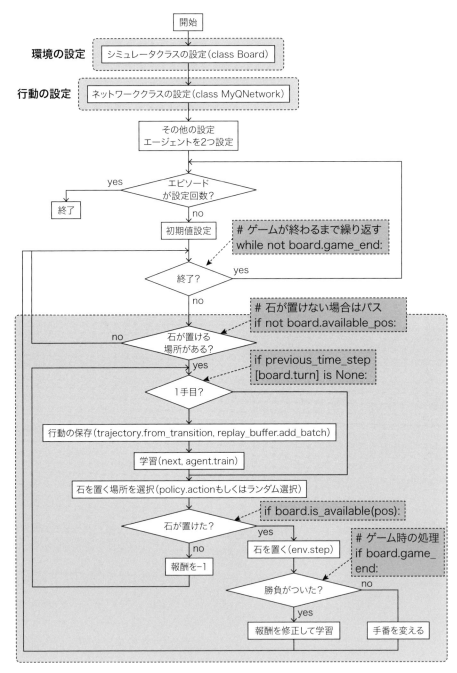

図4.19 フローチャート

リスト 4.28　リバーシの学習：train_reversi_DQN_CNN.py の main 関数

```
 1  #ランダム行動を行うときのポリシー
 2  def random_policy_step(random_action_function):
 3    random_act = random_action_function()
 4    if random_act is not False:
 5      return ps.PolicyStep(
 6          action=tf.constant([random_act]),
 7          state=(),
 8          info=()
 9        )
10    else:
11      raise Exception("No position avaliable.")
12
13  def main():
14  (エージェントの設定は石取りゲームと同じ)
15
16  #ε-greedy法用の設定
17    num_episodes = 200#0
18    decay_episodes = 70#0
19    epsilon = np.concatenate( [np.linspace(start=1.0, stop=0.1, num=decay_
    episodes),0.1 * np.ones(shape=(num_episodes-decay_episodes,)),],0)
20
21    winner_counter = {BLACK:0, WHITE:0, NONE:0}  #黒と白の勝った回数と引き分けの
    回数
22    episode_average_loss = {BLACK:[], WHITE:[]}  #黒と白の平均loss
23
24    for episode in range(1, num_episodes + 1):
25  (石取りゲームと同じ)
26      while not env.game_end:        #ゲームが終わるまで繰り返す
27        if not env.available_pos:    #石が置けない場合はパス
28          env.add_pass()
29          env.end_check()
30        else:                        #石を置く処理
31          current_time_step = env.current_time_step()
32          while True:                #置ける場所が見つかるまで繰り返す
33            if previous_time_step[env.turn] is None:#1手目は学習データを作らない
34              pass
35            else:
36              previous_step_reward = tf.constant([rewards[env.turn],],dtype=tf.
    float32)
37              current_time_step = current_time_step._replace(reward=previous_
    step_reward)
```

```
38    (学習データの作成と学習の方法は石取りゲームと同じ)
39            if random.random() < epsilon[episode-1]:  #ε-greedy法によるランダム
      動作
40                policy_step = random_policy_step(env.random_action)  #設定したラン
      ダムポリシー
41            else:
42                policy_step = policy[env.turn].action(current_time_step)  #状態か
      ら行動の決定
43
44            previous_time_step[env.turn] = current_time_step   #1つ前の状態の保存
45            previous_policy_step[env.turn] = policy_step       #1つ前の行動の保存
46
47            pos = policy_step.action.numpy()[0]
48            pos = divmod(pos, SIZE)  #座標を2次元（i,j）に変換
49            if env.is_available(pos):
50              rewards[env.turn] = 0
51              break
52            else:
53                rewards[env.turn] = REWARD_LOSE  #石が置けない場所であれば負の報酬
54
55          env.step(policy_step.action)  #石を配置
56          env.clear_pass()  #石が配置できた場合にはパスフラグをリセットしておく
      (双方が連続パスするとゲーム終了する)
57
58        if env.game_end:  #ゲーム終了時の処理
59    (引き分け処理がある石取りゲームと以外同じ)
60            winner_counter[NONE] += 1  #引き分けの場合
61        else:
62          env.change_turn()
63      #学習の進捗表示（100エピソードごと）
64      if episode % 100 == 0:
65    (石取りゲームと同じ)
66        #カウンタ変数の初期化
67        winner_counter = {BLACK:0, WHITE:0, NONE:0}
68        episode_average_loss = {WHITE:[], BLACK:[]}
69
70      if episode % (num_episodes//10) == 0:
71        tf_policy_saver[BLACK].save(f"policy_black_{episode}")
72        tf_policy_saver[WHITE].save(f"policy_white_{episode}")
```

　リスト 4.28 に示すゲームの進め方と学習方法（main 関数）の説明を石取りゲームと比較しながら行います.

　まず，2 つのエージェントの設定をするのですが，この部分は石取りゲームと同じです． ε-greedy 法を用いるための乱数の比較のための変数の設定方法が異なります． decay_episodes（ここでは 700）までは 1 から 0.1 まで線形に減らしていき，その後ずっと 0.1 に固定します．この意味は，最初はかなりランダムな打ち方をさせて，途中からランダムな打ち方をする確率を減らし（ここでは 10%），学習を深めていくことです.

　その後，どちらが勝ったかをカウントする winner_counter 変数に引き分けを加えています．エピソードを繰り返すループで行う初期設定は石取りゲームと同じです.

　この後は図 4.19 に示した手順に沿って進みます.

　27 行目の if 文で石が置けない場合の処理をしています．その中で，パス（env.add_pass 関数）もしくは負けを判定（env.end_check 関数）します.

　30 行目の else 文で石が置ける場合の処理をしています．1 手目を学習に用いないのは（33 行目）石取りゲームと同じです．石取りゲームと異なるのは，1 つ前の手番で報酬が 0 とは限らない点（石が置けない場所に置こうとしてマイナス報酬が与えられている場合）です．なお，1 つ前の報酬を考慮する以外は石取りゲームと同じです.

　行動を決める部分（39〜42 行目）が石取りゲームと異なります．ここではランダム行動をするかどうかを 0〜1 までの乱数を発生させ（random.random 関数），設定した比較の変数（epsilon[episode-1]）と比較して乱数の方が小さければランダム行動を行うためのランダムポリシーを実行します．このランダムポリシーは 1〜11 行目で設定しています．ランダム行動を行わない場合（else 文）は石取りゲームと同じように状態から行動を決定しています.

　そして，その位置に石が置けるかどうかを env.is_available 関数で調べ，置ける場合（49 行目の if 文）は報酬を 0 にしてループを抜けています　置けない場合（53 行目の else 文）はマイナスの報酬を設定して再度置く位置を選び直しています．最初はルールすらわかっていないので，置けない位置に置くことが多くあります．それを負けとして最初から始めるのではなく，「今の手はなし」として再度置き直させています．人間に教えるときみたいですね.

　石が置く位置が決まったら，55 行目で石を置きます．石が置けたので連続パス

の回数を0に戻しています.

　ゲームが終了したときの処理は石取りゲームと同じですが,引き分けの回数を
カウントする点だけが異なります.

　最後に,ポリシーの保存のタイミングが異なります.これまでは最後のポリ
シーだけ保存していましたが,ここでは途中のポリシーも含めて10回保存して
います.最初はうまく打てないので弱いエージェントになり,最後は強いエー
ジェントとなります.

リスト4.29　リバーシの学習：train_reversi_DQN_CNN.py の MyQNetwork クラス

```
 1  #ネットワークの設定
 2  class MyQNetwork(network.Network):
 3    def __init__(self, observation_spec, action_spec, n_hidden_channels=256,
    name='QNetwork'):
 4   (中間層が3層にした以外石取りゲームと同じ)
 5      self.model = keras.Sequential(
 6        [
 7          keras.layers.Conv2D(4, 2, 1, activation='relu'),
 8          keras.layers.Conv2D(8, 2, 1, activation='relu'),
 9          keras.layers.Conv2D(16, 2, 1, activation='relu'),
10          keras.layers.Dense(256, kernel_initializer='he_normal'),
11          keras.layers.Flatten(),
12          keras.layers.Dense(n_action, kernel_initializer='he_normal'),
13        ]
14      )
15    def call(self, observation, step_type=None, network_state=(),
    training=True):
16      observation = tf.cast(observation, tf.float32)
17   (石取りゲームと同じ)
```

　リスト4.29に示すネットワークを設定する MyQNetwork の説明を行います.こ
こでは盤面をそのまま入力として使うために,畳み込みニューラルネットワーク
を用いています.そして,call メソッドで tf.cast へキャストする点がCNNを
使うときの特徴となります.

リスト4.30　リバーシの学習：train_reversi_DQN_CNN.py の Board クラス

```
 1  class Board(py_environment.PyEnvironment):
```

```
 2    def __init__(self):
 3      super(Board, self).__init__()
 4      self._observation_spec = array_spec.BoundedArraySpec(
 5        shape=(SIZE,SIZE,1), dtype=np.float32, minimum=0, maximum=2
 6      )
 7      self._action_spec = array_spec.BoundedArraySpec(
 8        shape=(), dtype=np.int32, minimum=0, maximum=SIZE*SIZE-1
 9      )
10      self.reset()
11    def observation_spec(self):
12      return self._observation_spec
13    def action_spec(self):
14      return self._action_spec
15  #ボードの初期化
16    def _reset(self):
17      self.board = np.zeros((SIZE, SIZE, 1), dtype=np.float32)  #全ての石をクリ
    ア．ボードは2次元配列（i, j）で定義する．
18      mid = SIZE // 2   #真ん中の基準ポジション
19      #初期4つの石を配置
20      self.board[mid, mid] = WHITE
21      self.board[mid-1, mid-1] = WHITE
22      self.board[mid-1, mid] = BLACK
23      self.board[mid, mid-1] = BLACK
24      self.winner = NONE   #勝者
25      self.turn = random.choice([BLACK,WHITE])
26      self.game_end = False   #ゲーム終了チェックフラグ
27      self.pss = 0   #パスチェック用フラグ．双方がパスをするとゲーム終了
28      self.nofb = 0   #ボード上の黒石の数
29      self.nofw = 0   #ボード上の白石の数
30      self.available_pos = self.search_positions()  #self.turnの石が置ける場所の
    リスト
31
32      time_step = ts.restart(self.board)
33      return nest_utils.batch_nested_array(time_step)
34  #行動による状態変化（石を置く&リバース処理）
35    def _step(self, pos):
36      pos = nest_utils.unbatch_nested_array(pos)
37      pos = divmod(pos, SIZE)
38      if self.is_available(pos):
39        self.board[pos[0], pos[1]] = self.turn
40        self.do_reverse(pos)   #リバース
41      self.end_check()   #終了したかチェック
```

```
42      time_step = ts.transition(self.board, reward=0, discount=1)
43      return nest_utils.batch_nested_array(time_step)
44  #ターンチェンジ
45    def change_turn(self, role=None):
46      if role is NONE:
47        role = random.choice([WHITE,BLACK])
48      if role is None or role != self.turn:
49        self.turn = WHITE if self.turn == BLACK else BLACK
50        self.available_pos = self.search_positions()  #石が置ける場所を探索して
おく
51  #ランダムに石を置く場所を決める（ε-greedy用）
52    def random_action(self):
53      if len(self.available_pos) > 0:
54        pos = random.choice(self.available_pos)  #置く場所をランダムに決める
55        pos = pos[0] * SIZE + pos[1]  #1次元座標に変換（NNの教師データは1次元で
ないといけない）
56        return pos
57      return False  #置く場所なし
58  #リバース処理
59    def do_reverse(self, pos):
60      for di, dj in DIR:
61        opp = BLACK if self.turn == WHITE else WHITE  #対戦相手の石
62        boardcopy = self.board.copy()  #一旦ボードをコピーする（copyを使わないと
参照渡しになるので注意）
63        i = pos[0]
64        j = pos[1]
65        flag = False  #挟み判定用フラグ
66        while 0 <= i < SIZE and 0 <= j < SIZE:  #(i,j)座標が盤面内に収まっている
間繰り返す
67          i += di  #i座標（縦）をずらす
68          j += dj  #j座標（横）をずらす
69          if 0 <= i < SIZE and 0 <= j < SIZE and boardcopy[i,j] == opp:  #盤面に
収まっており，かつ相手の石だったら
70            flag = True
71            boardcopy[i,j] = self.turn  #自分の石にひっくり返す
72          elif not(0 <= i < SIZE and 0 <= j < SIZE) or (flag == False and
boardcopy[i,j] != opp):
73            break
74          elif boardcopy[i,j] == self.turn and flag == True:  #自分と同じ色の石
がくれば挟んでいるのでリバース処理を確定
75            self.board = boardcopy.copy()  #ボードを更新
76            break
```

```
77
78  #石が置ける場所をリストアップする．石が置ける場所がなければ「パス」となる
79    def search_positions(self):
80      pos = []
81      emp = np.where(self.board == 0)  #石が置かれていない場所を取得
82      for i in range(emp[0].size):    #石が置かれていない全ての座標に対して
83        p = (emp[0][i], emp[1][i])    #(i,j)座標に変換
84        if self.is_available(p):
85          pos.append(p)  #石が置ける場所の座標リストの生成
86      return pos
87  #石が置けるかをチェックする
88    def is_available(self, pos):
89      if self.board[pos[0], pos[1]] != NONE:  #既に石が置いてあれば，置けない
90        return False
91      opp = BLACK if self.turn == WHITE else WHITE
92      for di, dj in DIR:  #8方向の挟み（リバースできるか）チェック
93        i = pos[0]
94        j = pos[1]
95        flag = False  #挟み判定用フラグ
96        while 0 <= i < SIZE and 0 <= j < SIZE:  #(i,j)座標が盤面内に収まっている
    間繰り返す
97          i += di  #i座標（縦）をずらす
98          j += dj  #j座標（横）をずらす
99          if 0 <= i < SIZE and 0 <= j < SIZE and self.board[i,j] == opp:  #盤面
    に収まっており，かつ相手の石だったら
100             flag = True
101           elif not(0 <= i < SIZE and 0 <= j < SIZE) or (flag == False and self.
    board[i,j] != opp) or self.board[i,j] == NONE:
102             break
103           elif self.board[i,j] == self.turn and flag == True:  #自分と同じ色の石
104             return True
105       return False
106
107  #ゲーム終了チェック
108    def end_check(self):
109      if np.count_nonzero(self.board) == SIZE * SIZE or self.pss == 2:  #ボード
    に全て石が埋まるか，双方がパスがしたら
110         self.game_end = True
111         self.nofb = len(np.where(self.board==BLACK)[0])
112         self.nofw = len(np.where(self.board==WHITE)[0])
113         if self.nofb > self.nofw:
114           self.winner = BLACK
```

```
115      elif self.nofb < self.nofw:
116          self.winner = WHITE
117      else:
118          self.winner = NONE
119  #ボードの表示（人間との対戦用）
120    def show_board(self):
121      print('  ', end='')
122      for i in range(1, SIZE + 1):
123        print(f' {N2L[i]}', end='')   #横軸ラベル表示
124      print('')
125      for i in range(0, SIZE):
126        print(f'{i+1:2d} ', end='')
127        for j in range(0, SIZE):
128          print(f'{STONE[int(self.board[i][j])]} ', end='')
129        print('')
130  #パスしたときの処理
131    def add_pass(self):
132      self.pss += 1
133  #パスした後の処理
134    def clear_pass(self):
135      self.pss = 0
136
137    @property
138    def batched(self):
139      return True
140
141    @property
142    def batch_size(self):
143      return 1
```

　最後に，**リスト 4.30** に示すシミュレーションを行う環境を扱う Board クラスの説明を行います．Board クラスには 10 個のメソッドがあります．

__init__ メソッド（初期設定）

　最初に 1 回だけ呼び出されますのでボードの初期化を行います．ここでは深層強化学習に必要な状態と行動の数を設定した後，board_reset メソッドを呼び出しています．特に，4 行目の _observation_spec の設定で shape=(SIZE,SIZE,1) とすることで 2 次元の入力を扱う設定をしています．

_reset メソッド（初期化）

ボードの初期化を行っています．まず，盤面をすべて 0 で埋めた後，中央
に白と黒の石を配置します．そして，勝者の初期化，手番（turn 変数）を
BLACK に設定，終了フラグの初期化などを行っています．

ここで，盤面の表し方を**図 4.20**〜**4.22** を用いて説明します．まず，Board ク
ラスでは盤面は 2 次元の変数として設定されていますので，番号と位置の関
係を図に表すと図 4.20 となります．深層学習の出力を 1 次元の値にしたほう
が，これまでと同じように学習できますので，出力される石を置く位置の番
号（0〜15）を図 4.21 のようにして盤面を表します．例えば，「11 番の位置に
白を置く」のようにして石を置く位置を指定するものとします．

そして，図 4.22 のようにそれぞれの場所で石が置かれていなければ 0，黒が
置かれていれば 1，白が置かれていれば 2 として，入力を作ります．なお，
図 4.22 の盤面はターミナル出力 4.6 の 3 手目の状態を表しています．

(0,0)	(0,0)	(0,0)	(0,0)
(1,0)	(1,1)	(1,2)	(1,3)
(2,0)	(2,1)	(2,2)	(2,3)
(3,0)	(3,1)	(3,2)	(3,3)

図 4.20 盤面を 2 次元の値で指定

0	1	2	3
4	5	6	7
8	9	10	11
12	13	14	15

図 4.21 盤面を 1 次元の値で指定

2	1	0	0
0	2	1	0
0	1	2	0
0	0	0	0

図 4.22　盤面上の石の表し方

_step メソッド（行動による状態の変更）

選択した行動を行ったときの盤面の変更を行っています．石を置く位置は 0～15 までの値で表されていますので，それを 37 行目で 2 次元の位置へ変換しています．その位置に対して石をひっくり返す処理（40 行目の do_reverse 関数）を行います．その後，終了条件と照らし合わせています（41 行目の end_check 関数）．

change_turn メソッド（手番の変更）

turn 変数を変更しています．それと同時に石が置ける場所を search_positions メソッドで探索しておきます．

random_action メソッド（ランダムに置く位置を選択）

ランダムに石を置く場所を決めます．このプログラムでは ε-greedy 法を自作して実装するため，このメソッドを作成しています．石を置く場所は，search_positions メソッドで得られた available_pos 変数の中からランダムに探します．そして，2 次元で表された場所を 1 次元に直しています．

do_reverse メソッド（リバース処理）

石をひっくり返す動作をしています．座標を起点として，8 方向を順にチェックしていきます．起点座標の隣が相手の石で，かつその先に自分の石があれば，相手の石をすべてひっくり返すという処理を行っています．

search_positions メソッド（石が置ける場所をリストアップ）

まず石が置かれていない場所を取得し，それを 2 次元座標に変更します．石が置けるかどうかは is_available メソッドで調べ，置ける場所をリストとして返します．石を置ける場所がなければ「パス」となります．

is_available メソッド (石が置けるかのチェック)

まず，引数で指定された位置に石が置けるかどうかを調べます．そして，do_reverse メソッドと同様のチェックを行い，その場所に置いた場合，石をひっくり返すことができるのかどうかを調べています．

end_check メソッド (ゲーム終了チェック)

ボードがすべて埋まっているかどうか，もしくはパスが 2 回連続で行われたかどうかで終了をチェックしています．ゲーム終了となった場合は，game_end 変数を True とし，白と黒の石の数をそれぞれ nofb と nofw に代入して，winner 変数に勝者を入れます．

show_board メソッド (盤面の表示)

人間との対戦のために使うメソッドです．学習には用いません．

4.15.3 盤面の変更

もし盤面の大きさを変えたい場合は，SIZE 変数の数を変更し，学習を実行して学習ポリシーを作成します．後述する人間と対戦するためのプログラムでも同様に変更して実行することで，異なる大きさの盤面でゲームをすることができます．ただし，盤面を大きくすると，それだけ盤面のパターンが増えますので，設定したパラメータではうまく学習できません．強いエージェントを学習するためには，ニューラルネットワークの層を増やしたり，中間層のノード数を増やしたり，あるいは ε-greedy 法用の値の設定を変更して試してみてください．ただし，盤面が大きい分，学習にかなりの時間がかかるようになります．

4.15.4 人間との対戦方法

人間と対戦するためのプログラムを**リスト 4.31** に示します．学習済みポリシーを用いるため，学習に必要な部分が削除されています．また，4〜16 行目に示すキーボード入力から 2 次元配列に変換する関数 (convert_coordinate メソッド) と勝敗を表示する関数 (judge メソッド) を追加しています．

リスト 4.31 play_reversi_DQN_CNN.py の一部

```
1  class Board(py_environment.PyEnvironment):
2    (train_reversi_DQN_DNN.pyと同じ)
3
4  def convert_coordinate(pos):
```

```
 5   pos = pos.split(' ')
 6   i = int(pos[0]) - 1
 7   j = int(ROWLABEL[pos[1]]) - 1
 8   return i*SIZE + j
 9
10 def judge(board, a, you):
11   if board.winner == a:
12     print('Game over. You lose!')
13   elif board.winner == you:
14     print('Game over. You win！')
15   else:
16     print('Game over. Draw.')
17
18 def main():
19 #環境の設定
20   board = Board()
21   ### ここからゲームスタート ###
22   print('=== リバーシ ===')
23   you = input('先攻（黒石，1） or 後攻（白石，2）を選択：')
24   you = int(you)
25   assert(you == BLACK or you == WHITE)
26
27   level = input('難易度（弱 1〜10 強）：')
28   level = int(level) * 20
29
30   if you == BLACK:  #ポリシーの読み込み
31     adversary = WHITE
32     adversary_policy_dir = f'policy_white_{level}'
33     stone = '「●」（先攻）'
34   else:
35     adversary = BLACK
36     adversary_policy_dir = f'policy_black_{level}'
37     stone = '「○」（後攻）'
38
39   policy = tf.compat.v2.saved_model.load(adversary_policy_dir)
40
41   print(f'あなたは{stone}です。ゲームスタート！')
42   board.reset()
43   board.change_turn(BLACK)
44   board.show_board()
45   #ゲーム開始
46   while not board.game_end:
```

```
47 #エージェントの手番
48     if board.turn == adversary:
49        current_time_step = board.current_time_step()
50        action_step = policy.action( current_time_step )
51        pos = int(action_step.action.numpy())
52        if not board.is_available(divmod(pos,SIZE)):   #NNで置く場所が置けない場
所であれば置ける場所からランダムに選択する.
53           pos = board.random_action()
54           if pos is False:   #置く場所がなければパス
55              board.add_pass()
56
57        print('エージェントのターン --> ', end='')
58        if board.pss > 0 and pos is False:
59           print(f'パスします。{board.pss}')
60        else:
61           board.step(pos)   #posに石を置く
62           board.clear_pass()
63           pos = divmod(pos, SIZE)
64           print(f'({pos[0]+1},{N2L[pos[1]+1]})')
65        board.show_board()
66        board.end_check()   #ゲーム終了チェック
67        if board.game_end:
68           judge(board, adversary, you)
69           continue
70        board.change_turn()   #エージェント --> You
71 #プレーヤーの手番
72     while True:
73        print('あなたのターン。')
74        if not board.search_positions():
75           print('パスします。')
76           board.add_pass()
77        else:
78           pos = input('どこに石を置きますか？（行列で指定。例 "4 d"）: ')
79           if not re.match(r'[0-9] [a-z]', pos):
80              print('正しく座標を入力してください。')
81              continue
82           else:
83              pos = convert_coordinate(pos)
84              if not board.is_available(divmod(pos,SIZE)):   #置けない場所に置いた
場合
85                 print('ここには石を置けません。')
86                 continue
```

```
87          board.step(pos)
88          board.show_board()
89          board.clear_pass()
90      break
91  #手番の変更
92    board.end_check()
93  #終了判定
94    if board.game_end:
95      judge(board, adversary, you)
96      continue
97
98    board.change_turn()
99
100 if __name__ == '__main__':
101   main()
```

　このプログラムでポイントとなる点を説明します．まず，人間と対戦するので，エージェントに関してはポリシーを読み込むことだけを行います（39行目のtf.compat.v2.saved_model.load 関数）．

　ゲームが始まると先攻・後攻を入力します（23行目）．そして，先攻の場合は1，後攻の場合は2を you 変数に入れます．難易度も入力します（27行目）．難易度は1から10までの数を入力し，それに20を掛けてエピソード数にします．先攻・後攻と対戦レベルが決まったので，その回数のエピソードが終わったときのエージェントモデルを agent.load メソッドで読み込んでいます．学習すればするほど強くなるという深層強化学習の特徴をうまく使っています．また，対戦相手（adversary）に WHITE または BLACK を代入しています．

　ゲームが開始されると，board.turn が adversary であれば（48行目のif文）コンピュータが石を打ちます．石の打ち方はコンピュータ同士のときと同じです．ただし，学習はしません．そして，while 文の中の78行目で人間が石を置きます．石が置ける位置を指定した場合は，この while ループから抜けます．

　対戦ゲームは通常の深層強化学習に比べて少し複雑でしたが，人間と対戦できるという面白さがあります．これを応用して，いろいろなゲームに挑戦してみてください．

4.16 ほかの深層強化学習方法への変更

できるようになること ほかの深層強化学習の手法に応用できる

本書では，深層強化学習の手法として，主にディープ Q ネットワーク（DQN）を扱っていますが，そのほかにも多くの学習手法（拡張手法）が開発されています．本章の最後に，DQN と異なる学習方法として Double DQN（DDQN），Deep Deterministic Policy Gradient（DDPG）に変更する方法を紹介します．その後で，実装はしていませんが，取り上げなかった学習方法の 1 つである A3C の紹介も行います．

◐ 4.16.1 Double DQN の実装

使用プログラム cartpole_DDQN.py

DQN では行動を選択するためのネットワークと，行動を評価するためのネットワークが同じでしたが（Q ネットワーク），これでは選択された行動が過大評価される（Q 値が大きくなる）傾向にあります．それを抑えるために，前の時刻で学習していた別の Q ネットワークを使って行動を評価するようにしたのが Double DQN（DDQN）です．DDQN のほうが学習が早く収束する傾向にあります．TF-Agents でも DDQN は実装されていますので，エージェントインスタンスを変更することで使うことができます[注13]．

倒立振子問題のディープ Q ネットワーク版（cartpole_DQN.py）を，深層強化学習の一種である Double DQN を用いた学習ができるように変更する方法を紹介します．これは，cartpole_DQN.py の中で以下のように dqn_agent.DqnAgent を dqn_agent.DdqnAgent として，たった 1 行変更することで DDQN を実装できます．この変更を行ったサンプルプログラムを cartpole_DDQN.py としてありますので参照してください．

```
1   agent = dqn_agent.DdqnAgent(
```

注13 参考文献：Hado van Hasselt, Arthur Guez, and David Silver. "Deep Reinforcement Learning with Double Q-Learning," in Proc. AAAI 2016, pp.2094–2100, 2016.

◉ 4.16.2　DDPGの実装

使用プログラム cartpole_DDPG.py

　DQNやDDQNでは，行動を選択するためのネットワークとQ値を求めるネットワークが同じでしたが，最近ではこれらを切り分けて学習する方法が主流になりつつあります．これはActor-Criticと呼ばれている強化学習手法です．そしてDDPGは，Actor-Criticの枠組みでDQNを拡張したものです．ある状態を入力したときの行動予測を行うネットワーク（政策関数またはポリシーネットワーク（policy network）と呼びます）とQ関数を独立に学習します[注14]．

　ここでも，倒立振子問題のディープQネットワーク版（cartpole_DQN.py）を，深層強化学習アルゴリズムの1つであるDDPG（Deep Deterministic Policy Gradient）を用いて学習できるように変更する方法を紹介します．このプログラムの一部を以下に示します．このネットワークはデータの流れが分岐する点を作る必要があります．そのため，Sequential API（本書で対象としている書き方）ではなく，Functional APIを用いてネットワークを作りました．DDPGはActor-Criticモデルですので2つのニューラルネットワーク，すなわちポリシーネットワークとバリューネットワークの2つが必要になります．これらのネットワークは基本的には同じ構造でも問題ありませんが，Q値を求めるバリューネットワークでは，状態だけではなく，状態に対してどういう行動をとったのかという情報も用いてQ値を推定します．

　リスト4.32の1〜15行目がポリシーネットワーク（ActorNetwork）の定義に，17〜34行目がバリューネットワーク（CriticNetwork）の定義になっています．DDPGの各ネットワークのセットアップでは，41，42行目でそれぞれのネットワークをインスタンス化しています．44行目で，これらのネットワークをDDPGエージェントをセットアップする際のDdpgAgent関数の引数として呼び出しています．DdpgAgent関数では，DQNと同様に，環境や2つのネットワーク，ネットワーク学習のためのオプティマイザのセットアップなどを行っています．

注14　参考文献：Timothy P. Lillicrap, Jonathan J. Hunt, Alexander Pritzel, Nicolas Heess, Tom Erez, Yuval Tassa, David Silver, and Daan Wierstra. "Continuous control with deep reinforcement learning," arXiv:1509.02971, 2015.

表4.5　TensorFlow/keras モデル構築方法のまとめ

種類	内容
Sequential API	シンプルな一直線のモデルを構築可能
Functional API	複数の入出力を持つモデルやレイヤーを共有するモデルなども構築可能
Subclassing API (Model Subclassing)	最も柔軟にモデルを構築可能

リスト4.32　cartpole_DDPG.py の一部

```
 1  class ActorNetwork(network.Network):
 2    def __init__(self, observation_spec, action_spec, n_hidden_channels=100,
    name='actor'):
 3      super(ActorNetwork,self).__init__(
 4        input_tensor_spec=observation_spec,
 5        state_spec=(),
 6        name=name
 7      )
 8      n_action_dims = action_spec.shape[0]
 9      inputs = keras.Input(shape=observation_spec.shape)
10      h1 = keras.layers.Dense(n_hidden_channels, activation='relu')(inputs)
11      outputs = keras.layers.Dense(n_action_dims, activation="tanh")(h1)
12      self.model = keras.Model(inputs=inputs, outputs=outputs)
13    def call(self, observation, step_type=None, network_state=(), training=True):
14      actions = self.model(observation, training=training)
15      return actions, network_state
16
17  class CriticNetwork(network.Network):
18    def __init__(self, input_tensor_spec, n_hidden_channels=100, name='critic'):
19      super(CriticNetwork,self).__init__(
20        input_tensor_spec=input_tensor_spec,
21        state_spec=(),
22        name=name
23      )
24      observation_spec, action_spec = input_tensor_spec
25      inputs_observation = keras.Input(shape=observation_spec.shape)
26      inputs_action = keras.Input(shape=action_spec.shape)
27      conc = keras.layers.Concatenate(axis=1)([inputs_observation,inputs_action])
28      h1 = keras.layers.Dense(n_hidden_channels, activation='relu')(conc)
29      outputs = keras.layers.Dense(1)(h1)
30      self.model = keras.Model(inputs=[inputs_observation,inputs_action],
    outputs=outputs)
31    def call(self, inputs, step_type=None, network_state=(), training=True):
```

4

深層強化学習

```
32    q_value = self.model(inputs, training=training)
33    q_value = keras.backend.flatten(q_value)
34    return q_value, network_state
35
36 def main():
37  #環境の設定
38   env_py = CartPoleEnv()
39   env = tf_py_environment.TFPyEnvironment(gym_wrapper.GymWrapper(env_py))
40  #ネットワークの設定
41   my_actor_network = ActorNetwork(env.observation_spec(), env.action_spec())
42   my_critic_network = CriticNetwork( (env.observation_spec(), env.action_
spec()))
43  #エージェントの設定
44   agent = ddpg_agent.DdpgAgent(
45   (以下DDPGの設定が続く)
```

◎ **4.16.3** A3C の紹介

比較的最新の手法で，3つの手法の頭文字をとってA3C（Asynchronous，Advantage，Actor-Critic）という名前となっています．DQNよりも早く学習が進み，性能がよいとされています．まずAsynchronousは，複数のエージェントを用意し，これらのエージェントが得た経験を使ってネットワークをオンライン（時系列）で学習することを指します（Experience Replayは使いません）．したがって，Long Short-Term Memory（LSTM）などの再帰型ニューラルネットワークがうまく適用できます．次はAdvantageです．DQNでは1ステップ先の行動を評価していましたが，この方法だと最適な行動をとるようにエージェントが収束するのに時間がかかってしまいます．そこで，A3Cではkステップ先（kは調整可能）までの行動を評価して，ネットワークを更新します．これにより，よりよいネットワークを速く学習できるようになります．最後のActor-Criticは，ある状態を入力したときの行動予測を行うポリシーネットワークとその状態の価値を推定するネットワーク（価値関数またはバリューネットワーク（value network）と呼びます）を独立に学習するものです[注15]．

注15　参考文献：Volodymyr Mnih, Adrià Puigdomènech Badia, Mehdi Mirza, Alex Graves, Timothy P. Lillicrap, Tim Harley, David Silver, and Koray Kavukcuoglu. "Asynchronous Methods for Deep Reinforcement Learning," in Proc. ICML2016, pp.1928--1937, 2016.

第 5 章

実環境への応用

ここまで学んできた深層強化学習は，第1章の図1.2に示したように実際のロボットに活用することのできる技術です．そこで本章では，実際にカメラで映像を撮ってそのデータを使ったり，サーボモータを動かしたりなど，実際の環境で使うときに必要となる技術を組み込んだ簡単な例を紹介します．

5.1　カメラで環境を観察する（MNIST）

できるようになること　カメラ画像を取り込む

第2章の手書き数字認識の入力をカメラ画像に変えて，リアルタイムで手書き数字を認識させる方法を紹介します．深層強化学習の例ではありませんが，カメラ画像を使って深層学習を使う基本的な方法ですので，まずはここから説明していきます．

構成は**図5.1**のようになります．実行すると**図5.2**の画面が表示されます．中央に書かれた黒枠の中に認識させたい数字を合わせると，ターミナルに認識結果が表示されます．なお，図5.2の1から9までの数字は筆者がマジックで書いた数字です．

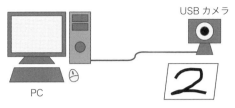

図 5.1 構成図

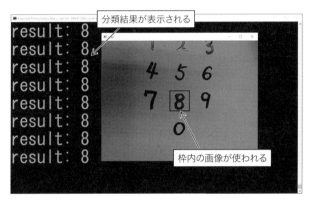

図 5.2 カメラ画像と分類結果

実際にやってみると，あまり認識率はよくありません．そこで，筆者が試して認識率が上がった方法を 2 つ紹介します．

1 **印刷物の数字を使う方法**
しっかりした綺麗な字だと認識するようです．印刷しなくても，例えば Microsoft Word に書いた数字を画面に大きく表示して，それをカメラで撮影するだけでもよいです．

2 **解像度のよい画像で学習する方法**
説明した方法では 8 × 8 の画像を用いて学習していました．5.1.3 項で紹介する方法を参考にして解像度のよい画像で学習すると認識率が上がります．

5.1.1 カメラの設定

使用プログラム camera_test.py

カメラを Python から使うために，次のコマンドで OpenCV ライブラリをイン

ストールします．カメラは動作環境に依存するため，必ずしもこのインストール
で動作するとは限りません．

- Windows の場合の場合

```
$ pip install opencv-python
```

- Linux, Mac の場合：

```
$ pip3 install opencv-python
```

または

```
sudo apt install python-opencv
```

- RasPi の場合

```
$ pip3 install opencv-python
```

この後に示す camera_test.py を実行した時にエラーが生じることがありま
す．そのエラーによってインストールするライブラリが異なりますが，すべ
てインストールしても問題ありません．

```
$ sudo apt install libjasper-dev    #ImportError: libjasper.so.1が起きたとき
$ sudo apt install qt4-dev-tools qt4-doc qt4-qtconfig libqt4-test
#ImportError: libQtTest.so.4が起きたとき
$ sudo apt install libatlas-base-dev    #ImportError: libcblas.so.3が起きたとき
$ nano .bashrc    #ImportError: /lib ...  linux-gnueabihf.so:が起きたとき以下の
2行
export LD_PRELOAD=/usr/lib/arm-linux-gnueabihf/libatomic.so.1    #この一文を追加
Ctrl+O→Enter→Ctrl+Xで終了
$ source .bashrc
```

インストールの確認のため，**リスト 5.1** に示す簡単なプログラムを動かします．

リスト 5.1 カメラの基本プログラム：camera_test.py

```
1  import cv2
2
3  def main():
4    cap = cv2.VideoCapture(0)
```

```
 5    while True:
 6      ret, frame = cap.read()  #画像の読み込み
 7      gray = cv2.cvtColor(frame, cv2.COLOR_BGR2GRAY)  #グレースケールに変換
 8      cv2.imshow('gray', gray)  #画像表示
 9      key = cv2.waitKey(10)     #キー入力
10      print(key)
11      if key == 115:   #sキーの場合
12        cv2.imwrite('camera.png', gray)  #画像保存
13      elif key == 113: #qキーの場合
14        break          #ループを抜けて終了
15    cap.release()
16
17  if __name__ == '__main__':
18    main()
```

　実行は次のコマンドで行います．実行するとウインドウが表示され，カメラ
から得られた画像がディスプレイ上に表示されます．s キー（小文字）を押すと
camera.png というファイル名で画像が保存されます．q キーを押すと終了します．

　　実行：python（Windows），python3（Linux, Mac, RasPi）

```
$ python camera_test.py
```

　これが画像入力の基本となりますので，プログラムの説明をしておきます．
　画像入力のために cv2 ライブラリ（OpenCV のライブラリ）をインポートしま
す．カメラから画像を取得するための準備を cv2.VideoCapture 関数で行ってい
ます．この関数の引数がカメラの識別子となっていますので，例えばカメラが
2 つつながっている場合は 0 もしくは 1 を引数としてください．
　その後，画像の読み込み（cap.read 関数），グレースケールに変換（cv2.cvtColor
関数），画面表示（cv2.imshow 関数），s キー（115 と比較）が押されたかどうかの
確認（cv2.waitKey 関数）を繰り返します．s キーが押されると，押されたときに
表示していた画像がファイルに保存されます（cv2.imwrite 関数）．そして q キー
が押されると while ループを抜けて（13 行目の if 文），カメラの終了処理を行っ
て（cap.release 関数）終了します．

◉ 5.1.2 　カメラ画像を畳み込みニューラルネットワークで分類

使用プログラム 　MNIST_CNN_camera.py, MNIST_CNN_train.py

　カメラで撮った手書き数字画像を用いて数字を判別するプログラムを**リスト 5.2** に示します．

　これは画像ファイルを読み込んで畳み込みニューラルネットワークで分類する プログラム（2.6 節，リスト 2.8：MNIST_CNN_file.py）の，ファイルから読み込 んだ画像を使う部分を，リスト 5.1 に示したカメラから読み込んだ画像に置き換 えたものになります．

5

実環境への応用

リスト 5.2　カメラ画像から数字の判定：MNIST_CNN_camera.py

```
 1  import tensorflow as tf
 2  from tensorflow import keras
 3  import numpy as np
 4  import os
 5  import cv2
 6
 7  def main():
 8    model = keras.models.load_model(os.path.join('result', 'outmodel'))  #ニュー
      ラルネットワークの登録
 9    cap = cv2.VideoCapture(0)
10    while True:
11      ret, frame = cap.read()  #画像の読み込み
12      gray = cv2.cvtColor(frame, cv2.COLOR_BGR2GRAY)  #グレースケールに変換
13      xp = int(frame.shape[1]/2)
14      yp = int(frame.shape[0]/2)
15      d = 40
16      cv2.rectangle(gray, (xp-d, yp-d), (xp+d, yp+d), color=0, thickness=2)  #切
      り抜く範囲を表示
17      cv2.imshow('gray', gray)  #画像表示
18      gray = cv2.resize(gray[yp-d:yp + d, xp-d:xp + d],(8, 8))  #画像の中心を切
      り抜いて8×8の画像に変換
19      img = np.zeros((8,8), dtype=np.float32)
20      img[np.where(gray>64)]=1  #二値化
21      img = 1-np.asarray(img,dtype=np.float32)  #反転処理
22      test_data = img.reshape(1, 8, 8, 1)  #4次元行列に変換（1×8×8×1，バッチ
      数×縦×横×チャンネル数）
23      prediction = model.predict(test_data)  #学習結果の評価
```

```
24    result = np.argmax(prediction)
25    print(f'result: {result}')
26    key = cv2.waitKey(10)    #キー入力
27    if key == 113:          #qキーの場合
28      break                 #ループを抜けて終了
29  cap.release()
30
31 if __name__ == '__main__':
32   main()
```

実行するにはまず，畳み込みニューラルネットワークによる手書き数字の分類（2.6節，リスト2.8：MNIST_CNN.py）を変更したMNIST_CNN_train.pyを実行して学習モデルを作ります．MNIST_CNN.pyは入力画像の各画素の値が0〜16でしたが，MNIST_CNN_train.pyは以下を追加して入力の値の範囲を0〜1としました．

```
1   train_data, valid_data = train_data/16.0, valid_data/16.0
```

その学習モデルを使って入力画像の分類を行います．MNIST_CNN_train.pyとMNIST_CNN_camera.pyを同じフォルダにおいてMNIST_CNN_train.pyを実行して，学習モデルを作成します．その学習済みモデルを使って数字の分類を行います．

実行は次のコマンドで行います．

実行：python（Windows），python3（Linux, Mac, RasPi）

```
$ python MNIST_CNN_camera.py
```

実行すると図5.2のように表示されます．この中にある黒い枠の中が認識する領域であり，その中に数字を入れると認識します．

ただし簡単のため，数字以外のものが映っていても0〜9までのいずれかが答えとして得られます．また，学習画像のサイズが8×8ですので，あまり認識率が高いものは作れません．認識率を上げるには5.1.3項を参考にして解像度の高いデータを使って学習して学習モデルを作り直してください．

リスト5.2に示したプログラムの動作の説明を行います．画像を読み込む方法と表示の方法はリスト5.1で述べました．ここでは，学習済みモデルを読み込む方法，カメラ画像を入力画像に直す方法，その入力を使って分類結果を得る方法に焦点を当てます．

1.　モデルの読み込み

8行目で，学習モデルを読み込んでいます．学習モデルにはネットワークの構造が含まれていますので，ネットワークを設定する必要はありません．

2.　入力画像への変換

学習に利用した数字画像のサイズは8×8ですので，入力画像も8×8のサイズに直す必要があります．カメラで撮れるサイズは640×480以上のものが多くあります．画面いっぱいに表示されるような大きくて太い手書き数字であればよいのですが，通常は**図5.3**(a)のような大きさと太さになると思います．この場合，画像全体を縮小するとほとんど数字の部分がなくなってしまいます．

そこで，読み込んだ画像の中心部を切り出す操作をします．しかし8×8の画像を切り出そうとすると，今度は数字が映りません．そのため，図5.3 (b) のように80×80など切りのよい範囲を切り出してから縮小することとします．

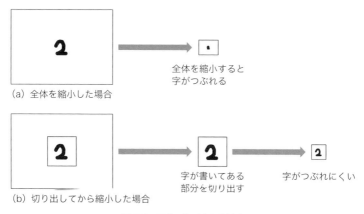

（a）全体を縮小した場合　　全体を縮小すると字がつぶれる

（b）切り出してから縮小した場合　　字が書いてある部分を切り出す　　字がつぶれにくい

図5.3　画像の切り出しと縮小

リスト5.2のプログラムでは，画像の中心座標を13，14行目で得て，そこを中心に上下左右に40ピクセルの範囲を切り出しています（16行目）．切り出した画

像を18行目で8×8の画像に縮小し，さらに20行目で画像の2値化を行っています．これは，カメラで撮影すると白い部分が灰色となり，よい結果が得られないためです．

　その後，反転処理（21行目）を行っています．これは学習した画像がもともと第2章の図2.9に示した反転画像となっているためです．そして，22行目で入力データの形式に変換しています．

3.　分類結果の表示

　その入力データを使って23行目の predictor 関数で推論を行い，その結果を24行目の np.argmax 関数で0〜9までの数字に分類しています．

◖◀ 5.1.3　画像サイズが 28 × 28 の手書き数字を使って学習する

できるようになること　解像度の高い画像を使った学習

使用プログラム　MNIST_Large_CNN_camera.py, MNIST_Large_CNN_train.py

　本書では手書き数字として scikit-learn ライブラリの画像を使いましたが，この画像サイズは8×8と小さく，学習に使う画像も少ない（約2千枚）ため，認識率があまりよくありませんでした．そこで，より解像度が高く（画像サイズが28×28），大量（約6万枚）の手書き数字のデータ（MNIST）をダウンロードして使う方法を示します．

　MNIST_CNN.py の2〜5行目に書かれた学習データとテストデータの設定を次のように置き換え，また入力画像の大きさの変更にともなってニューラルネットワークの設定を変更することで，28×28の手書き数字画像を学習することができます．このように書き換えたプログラムは MNIST_Large_CNN_camera ディレクトリの MNIST_Large_CNN_train.py にあります．ただし，学習時間は増えます．また，ここでは簡単な書き換え例として示していますので，ネットワークの構造を変えることでより精度が高くなります．

```
1  (train_data, train_label), (valid_data, valid_label) = tf.keras.datasets.
   mnist.load_data()
2  train_data, valid_data = train_data / 255.0, valid_data / 255.0
3  train_data = train_data.reshape((len(train_data), 28, 28, 1))
```

```
4    valid_data = valid_data.reshape((len(valid_data), 28, 28, 1))
```

　カメラ画像での認識に関しては，リスト 5.2 の 8 と書いてある部分をすべて
28 に変えて，40 としている部分を 56（= 28 × 2）とすれば実行することができ
ます．このように書き換えたプログラムは MNIST_Large_CNN_camera ディレ
クトリの MNIST_Large_CNN_camera.py にあります．実行すると認識率がよく
なっていることがわかると思います．

　図 5.4 は 28 × 28 ピクセルデータを 2 次元で表現したデータで，256 階調のグ
レースケール画像です．

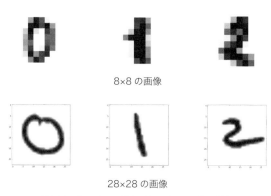

8×8 の画像

28×28 の画像

図 5.4　8 × 8 の画像と 28 × 28 の画像の比較

5.2　実環境でのネズミ学習問題

　カメラやマイコンを利用して，ネズミ学習問題を実際に動かしてみましょう．
この問題は非常に単純ですので，実際に動作させる例題として適していると考え
ます．

　実際に動くネズミ学習問題を作るときに必要となる部品を **表 5.1** にまとめます．
すべて秋月電子通商[注1] でそろいます．本書のサンプルでは，このほかに Raspberry
Pi，Arduino の電源ケーブル，USB 接続の Web カメラが必要となります．

表 5.1　部品表[注2]

部品名	型番	最大必要個数	価格〔円〕
Raspberry Pi	4 Model B 4GB	1	7,480
Arduino	Uno Rev 3	1	2,940
CdS センサ（1MΩ）	GL5528	3	100（4 個入り）
RC サーボモータ	SG-90	2	400
サーボモータ用ドライバ	PCA9685	1	950
半固定ボリューム（可変抵抗）または抵抗	10kΩ 3.3kΩ	3 3	50 100（100 本入り）
AC アダプタ（5V2A）	ATS012S-W050U	2	620
ブレッドボード用 DC ジャックDIP 化キット	AE-DC-POWER-JACK-DIP	2	100
ブレッドボード	BB-801	2	200
ジャンプワイヤ（オス‐オス）各種　合計 60 本以上	BBJ-65	1	220
ジャンプワイヤ（オス‐メス）赤，黒，白[注3]	DG01032-0024-BK-015	各 1 （合計 3 つ）	660（単価 220） （各 10 本入り）
ブレッドボード・ジャンパーワイヤ（14 種類× 10 本）	165-012-000(EIC-J-L)	1	400

　可変抵抗はつまみが付いていてブレッドボードに刺さるものがお勧めです．LED は光っていないときは透明で，光ると赤くなるもののほうが認識しやすいです．

◖5.2.1　Raspberry Pi とは

　本書では，Raspberry Pi（ラズベリーパイ）というマイコンを使用します（**図5.5**）．Raspberry Pi は Linux OS が動作する小型のマイコンで，LED の点灯やスイッチの状態取得などをするためのポートをいくつか持っています．Raspberry Pi の内部では Linux OS が動いているので，TensorFlow や TF-Agents をインストールできます．さらに，USB カメラの入力を処理することもできます．そのため，深層強化学習でモノを動かすのに適しているマイコンです．ただし PC に比べると性能が低いので，あまり難しい学習はできません．

注2　価格は本書執筆時点（2020 年 7 月）のものです．
注3　Raspberry Pi とブレッドボードをつなぐときに必要です．秋月電子通商では単色での販売となります．つなぎ間違えを防ぐために，3 色以上（色は多いほうがよい）の購入を勧めます．なお，本数は 10 本以上必要です．

そのため，学習は PC で行い，その学習済みモデルを Raspberry Pi へコピーして使うことがよく行われています．学習済みモデルを用いて判別したりモノを動かしたりする小型マイコンは**エッジデバイス**と呼ばれています．

エッジデバイスという考え方は深層学習や深層強化学習を身のまわりで活用する方法の1つとして近年ますます重要になってきています．TensorFlow はエッジデバイス向けに TensorFlow Lite というバージョンも公開しています．実際の機械との融合まで学習して使う方法をマスターするとさまざまな分野で活躍できることと考えています．

なお，本書では Raspberry Pi 3 Model B と Raspberry Pi 4 Model B でプログラムの動作を動作検証しています．

図 5.5 Raspberry Pi 3 Model B の外観

🔴 5.2.2 問題設定 (Raspberry Pi + Arduino)

実際に動かすための問題設定を行います．以降の節ではこの問題設定を使います．ネズミ学習問題はとても単純な問題ですが，これを実際の機械に置き換えようとすると**図 5.6** のようになります．破線で囲んだ部分が自販機で，それ以外の部分がネズミです．

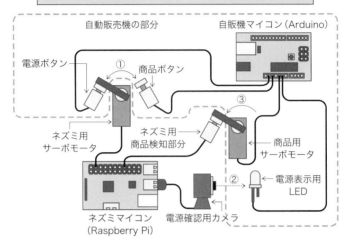

① 電源ボタンと商品ボタンをネズミマイコンが押す
② 電源の ON/OFF（LED の状態）をネズミマイコンが読み取る
③ 商品が出たらネズミマイコンについたスイッチを押す

図 5.6　ネズミ学習問題を実際のマイコンで再現する場合の構成

　図 5.6 の構成では，自販機の役割を担当するマイコン（自販機マイコン，Arduino[注4] で実現）と，ネズミの役割を担当するマイコン（ネズミマイコン，Raspberry Pi で実現）といった具合に 2 つのマイコンを使います．

　自販機マイコンには電源ボタンと商品ボタンを取り付け，ネズミマイコンに取り付けた RC サーボモータを使ってこれらのボタンを押せるようにします（図5.6 ①）．そして，自販機マイコンには電源 ON と OFF を示すための電源表示用 LED を付け，ネズミマイコンに付けたカメラでその LED の状態を観測します（図 5.6 ②）．

　商品が出てきたことを模擬するために，自販機マイコンにも RC サーボモータを取り付けます．商品が出たらネズミマイコンに付いたスイッチを押し，それによりネズミマイコンは報酬を受け取ったことを知るという仕組みとします（図5.6 ③）．

　ネズミ学習問題は簡単な問題と紹介しましたが，この説明のように，実際に行おうとするとかなり労力のいる作業となります．また，図 5.6 の構成を作ると，

注4　Arduino はマイコンの一種です．他のマイコンよりも比較的簡単に動作させることができるため，多くの電子工作に用いられています．付録 A.3 で使い方の簡単な説明を行います．

カメラで状態を確認するときに何回かに1回は失敗しますし，スイッチをうまく押せないこともあります．工作が得意な筆者でも，そのようになることがあります．

そこで，問題を簡略化して，図 5.6 の①〜③の部分に分けてネズミマイコンの各機能を少しずつ実現する方法を説明します．こうすることで本書の回路を試した読者の学習がうまくいくようにします．そして最後に，図 5.6 の構成とした場合の説明を行います．

⚫ 5.2.3　行動をサーボモータで出力（Raspberry Pi）

できるようになること　サーボモータを動作させる

使用プログラム　servo_test.py, skinner_DQN_action.py

まずは，行動を RC サーボモータ（以下サーボモータ）で出力する部分（図5.6 の①）を実現する方法を説明します．この節でのポイントは学習状態に合わせてサーボモータを動作させることです．そこで問題を簡略化するために，サーボモータを動かすだけでスイッチを押すことはこの項では行いません．スイッチの実現は次項で説明します．

これを実現するために，**図 5.7** に示すようにサーボモータだけをネズミマイコンにつないで簡略化しました．ここでは，ネズミが電源スイッチを押す行動をとるときには左に回転し，商品ボタンを押す行動をとるときは右に回転するものを作ります．

なお，行動をサーボモータを使って実際に出力する方法を示すことを目的としていますので，サーボモータの動作によって学習に影響は与えません．

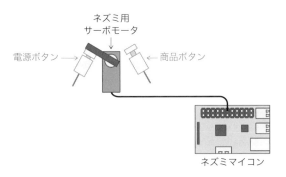

ネズミ用
サーボモータ

電源ボタン →　　← 商品ボタン

ネズミマイコン

図 5.7　動作に焦点を当てた構成

　この回路図を**図 5.8** に示します．この構成で作成した写真を**図 5.9** に示します．なお，図 5.9 には次節で用いるセンサが付いていますが，この節では必要ありません．Raspberry Pi でサーボモータを使うには設定が必要になります．付録A.2 を参考に設定してください．

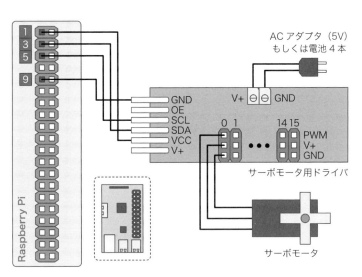

図 5.8　サーボモータを動かすための回路図

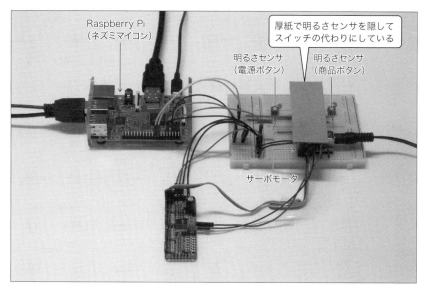

図 5.9 実験の写真

サーボモータを回転させるためのプログラムを**リスト 5.3** に示します.

リスト 5.3 サーボモータのテスト : servo_test.py

```
1  import Adafruit_PCA9685
2
3  pwm = Adafruit_PCA9685.PCA9685()
4  pwm.set_pwm_freq(60)  #サーボモータの周期の設定
5  while True:
6    angle = input('[200-600]:')  #200から600までの数値を入力
7    pwm.set_pwm(0,0,int(angle))  #ドライバの接続位置, i2cdetectで調べた番号, サ
     ーボモータの回転
```

servo_test.py を実行すると**ターミナル出力 5.1** のように [200-600]: と表示されますので,200 から 600 までの数を入れます. 値を入力するとサーボモータが回転します.

ターミナル出力 5.1 servo_test.py の実行結果

```
[200-600]:300  ← 300を入力してEnter
[200-600]:
```

　サーボモータにつけたサーボホーンが左，中央，右を向いたときの値を調べて
おきます．これは，連携させた動作を行うためのサーボモータの準備となります．
　次に，ネズミ学習プログラム（4.3 節，リスト 4.1：skinner_DQN.py）にサーボ
モータを動かすために変更した部分を**リスト 5.4** に示します．
　まず，サーボモータの設定（2〜6 行目）を行います．サーボモータは回転に時
間がかかりますので，動作後は 1 秒待つ（7 行目）ようにしています．そして，行
動に従って pwm.set_pwm 関数でサーボモータを回転させます．なお，サーボホー
ンの向きが左，中央，右を向くときのサーボモータの設定値をそれぞれ 250，400，
550 としています[注5]．
　実行するとネズミ学習プログラム（skinner_DQN.py）と同じ表示がなされると
同時に，サーボモータが回転します．
　さらに，学習を早く始めるために事前に行動データを集める driver の行動数
（num_steps）を 10 に変更してあります．シミュレーションと同じように 100 にし
ておくと，1 回の動作に 2 秒程度かかるので，200 秒以上（3 分以上）学習が始まり
ません[注6]．

リスト 5.4　Raspberry Pi を用いて入力に焦点を当てたネズミ学習問題（サーボモータの使用）：skinner_
DQN_action.py の一部

```
 1  import time
 2  import Adafruit_PCA9685
 3  #サーボモータの設定
 4  pwm = Adafruit_PCA9685.PCA9685()
 5  pwm.set_pwm_freq(60)
 6  pwm.set_pwm(0, 0, 400)  #サーボモータを初期位置へ
 7  time.sleep(1)
 8
 9  #シミュレータクラスの設定
10  class EnvironmentSimulator(py_environment.PyEnvironment):
11  #行動による状態変化
12    def _step(self, action):
13      reward = 0
14      if self._state == 0:  #電源OFFの状態
15        if action == 0:      #電源ボタンを押す
```

注5　この値はリスト 5.3 を動作させて調べておいてください．
注6　これは読者の皆様が実験の動作を早く見ることができるようにするための処置ですので，学習がう
　　　まくいかなくなることもあります．

```
16        pwm.set_pwm(0, 0, 250)
17        time.sleep(1)
18        self._state = 1    #電源ON
19      else:                  #行動ボタンを押す
20        pwm.set_pwm(0, 0, 550)
21        time.sleep(1)
22        self._state = 0    #電源OFF
23    else:                    #電源ONの状態
24      if action == 0:
25        pwm.set_pwm(0, 0, 250)
26        time.sleep(1)
27        self._state = 0
28      else:
29        pwm.set_pwm(0, 0, 550)
30        time.sleep(1)
31        self._state = 1
32        reward = 1          #報酬が得られる
33    pwm.set_pwm(0, 0, 400) #サーボモータを初期位置へ
34    time.sleep(1)
35    return ts.transition(np.array([self._state], dtype=np.int32),
    reward=reward, discount=1)  #TF-Agents用の戻り値の生成
36  (中略)
37    driver = dynamic_step_driver.DynamicStepDriver(
38      env,
39      policy,
40      observers=[replay_buffer.add_batch],
41      num_steps = 10,
42    )
43    driver.run(maximum_iterations=100)
```

▶ 5.2.4 報酬を明るさセンサで取得（Raspberry Pi）

できるようになること 値を読み取る

使用プログラム sensor_test.py, skinner_DQN_reward.py

　次に，報酬を受け取る部分となる図 5.6 の③を実現する方法を説明します．この節でのポイントは報酬をセンサ入力でチェックする点です．本来は自販機マイコンの動作によって商品検知用のスイッチが押されますが，簡略化するために，

ネズミマイコンがサーボモータを動かしてスイッチを押します．これを実現するために，**図5.10**に示すようにサーボモータとスイッチをネズミマイコンにつないで簡略化しました．ここでは，報酬があるとサーボモータがスイッチを押すものを作り，スイッチの状態によって報酬を読み込みます．5.2.3項ではサーボモータがなくても学習に影響しませんでしたが，この節では報酬はセンサによって得たかどうかを調べるため，電子工作が学習に影響します．

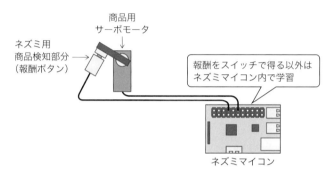

図5.10 動作とスイッチ処理に焦点を当てた構成

　説明ではスイッチとしましたが，サーボモータで直接スイッチを押すのは比較的難しい動作ですので，**図5.11**に示すようにスイッチの代わりに明るさセンサ（CdS）を使うこととします．この明るさセンサは明るいときには1kΩ程度の抵抗値になり，暗くなると10kΩ程度の抵抗値になる性質があります．そして，サーボモータには厚紙を取り付け，光をさえぎることでスイッチの代わりとします．

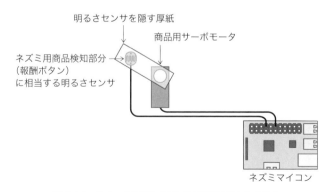

図5.11 スイッチを明るさセンサで代用するための構成

この回路図を**図 5.12**に示します．明るさセンサと可変抵抗を直列でつないで分圧電圧を読み取ることで，センサが隠れているか（暗い），隠れていないか（明るい）を判別します．この構成で作成した写真が図 5.9 です．なお，この写真には 2 つのセンサが付いていますが，ここでは 1 つだけ使います．

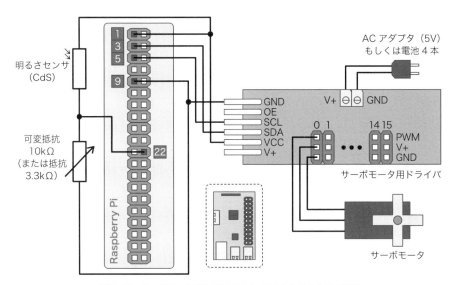

図 5.12 サーボモータを動かしてスイッチを入れるための回路図

まずはサーボモータを動かさずに，0.5 秒おきに読み取った値を表示するプログラムを**リスト 5.5** に示します．なお，このプログラムを使うための設定や説明は付録 A.2 を参考にしてください．

リスト 5.5 明るさセンサの読み取り：sensor_test.py

```
 1  import time
 2  import RPi.GPIO as GPIO
 3  time.sleep(1)
 4
 5  GPIO.setmode(GPIO.BOARD)   #ピン配置の番号を使用
 6  GPIO.setup(22, GPIO.IN)    #22番ピンを入力
 7
 8  while(1):
 9    print(GPIO.input(22))
10    time.sleep(0.5)
```

　実行すると 1 もしくは 0 が表示されます．光をさえぎらない状態のときに 1 と
なるように可変抵抗を回して調整します．その後，光をさえぎってから可変抵抗
を回し，0 となるように調整します．光をさえぎったりさえぎらなかったりを繰
り返しながら，ちょうどよい値を見つけます[注7]．

　次に，ネズミ学習プログラム（skinner_DQN.py）を変更しセンサの値によっ
て報酬を得るようにした部分を**リスト5.6**に示します．最終的には報酬のための
サーボモータは自販機マイコンで動かしますが，簡略化するために，ネズミマイ
コンで動かします．

　Raspberry Pi の入力を使うための設定（1～4 行目）を行います．ここでは 22 番
ピンの値を読み取る設定をしました．

　そして，行動を行った後，センサの値を読み取って，センサが反応していれ
ば（GPIO.input(22) が 0 ならば）報酬 reward を 1 としています．このプログラ
ムでは報酬はセンサの値から読み取るため，すべての行動の後にセンサの状態を
チェックしています．

　特に，報酬が得られる行動をしたときにはサーボモータを回転させてからセンサ
を読み，その後サーボモータをもとの角度に戻している点がポイントとなります．

リスト5.6　Raspberry Pi を用いて入力に焦点を当てたネズミ学習問題（センサとサーボモータの使用）：
skinner_DQN_reward.py の一部

```
 1  import RPi.GPIO as GPIO
 2  #入出力の設定
 3  GPIO.setmode(GPIO.BOARD)  #ピン配置の番号を使用
 4  GPIO.setup(22, GPIO.IN)   #22番ピンを入力
 5
 6  #シミュレータクラスの設定
 7  class EnvironmentSimulator(py_environment.PyEnvironment):
 8  #行動による状態変化
 9    def _step(self, action):
10      reward = 0
11      if self._state == 0:  #電源OFFの状態
12        if action == 0:    #電源ボタンを押す
13          self._state = 1  #電源ON
14          if GPIO.input(22)==0  :#商品があれば
15            reward = 1       #報酬が得られる
```

注7　参考までに，筆者が試した環境では 3.3kΩの抵抗（可変抵抗）を使うとうまくいきました．

```
16        else:              #行動ボタンを押す
17          self._state = 0    #電源OFF
18          if GPIO.input(22)==0:  #商品があれば
19            reward = 1       #報酬が得られる
20      else:                #電源ONの状態
21        if action == 0:
22          self._state = 0
23          if GPIO.input(22)==0:  #商品があれば
24            reward = 1       #報酬が得られる
25        else:
26          pwm.set_pwm(0, 0, 250)
27          time.sleep(1)
28          self._state = 1
29          if GPIO.input(22)==0:  #商品があれば
30            reward = 1       #報酬が得られる
31            print('OK')
32          else:
33            print('NG')
34          pwm.set_pwm(0, 0, 400)
35          time.sleep(1)
36      return ts.transition(np.array([self._state], dtype=np.int32),
     reward=reward, discount=1)  #TF-Agents用の戻り値の生成
```

　実行するととターミナル出力 5.2 が表示され，サーボモータが回転します．な
お，サーボモータを動かして明るさセンサを隠す動作がないと報酬は得られませ
ん．そして，OK という表示は本来報酬が得られる状態になったときに，センサ
入力をチェックすることで報酬が得られたことの確認です．NG と表示される場
合は，この項の最後に示す調整のコツに従って調整してください．

ターミナル出力 5.2　skinner_DQN_reward.py の実行結果

```
（前略）
[0] 0 0
OK
[1] 1 1
OK
[1] 1 1
OK
[1] 1 1
OK
```

```
[1] 1 1
Episode: 100, R:  4, AL:0.1965, PE:0.000000
```

Column 調整のコツ

　まず，図 5.9 のように配置はしますが，「厚紙を付けずに」servo_test.py を用いて
サーボホーンが 250 のときにセンサに向き，400 のときにセンサの方向を向かない
ようにサーボホーンを取り付けます[注a]．

　次に，厚紙を取り付けます．このとき，厚紙とセンサの距離はできるだけ近づけ
て（1 mm）程度になるように配置するとうまくいきます．距離の調整は光センサの
足を曲げると簡単にできます[注b]．

　そのあと，サーボモータに取り付けた厚紙でセンサが反応するように調整します．
servo_test.py を用いて 250 の向きにしてセンサの上に厚紙がくるようにします．そ
して，sensor_test.py を実行して値が 0 となっていることを確認します．その後，
servo_test.py を用いて 400 の向きにしてセンサの上に厚紙がないように回転させ，
sensor_test.py を実行して値が 1 となっていることを確認します．

注a　サーボモータの 250 や 400 は目安値ですので，うまく動作する値に変更してください．
注b　足を曲げるとセンサの位置がずれますので，そのときはサーボモータの値を調整してください．

● 5.2.5　状態をカメラで取得（Raspberry Pi）

　状態を観測する部分となる図 5.6 の②を実現する方法を説明します．この節の
ポイントは状態をカメラで取得する部分を実現することです．理想は実際の自販
機を模して，図 5.6 のようにスイッチと LED をほかのマイコンで操作することで
す．ここでは簡略化して，**図 5.13** のようにします．回路図は LED を 1 つだけ付
けた**図 5.14** となります．

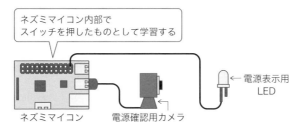

図 5.13 カメラでの観測に焦点を当てた構成

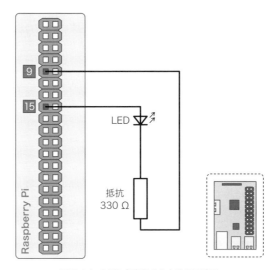

図 5.14 LED を光らせるための回路図

Raspberry Pi につないだ USB カメラの設定を行います．設定方法は 5.1 節を参考にしてください．リスト 5.1 に示した camera_test.py を実行してカメラの中心付近に LED が映るように配置します．実際の配置では，**図 5.15** に示すように LED にカメラを近づけておいたほうが学習がうまくいきます．

図 5.15　実験の写真

　次に，ネズミ学習プログラム（skinner_DQN.py）を変更しカメラによって状態
を得て，それを畳み込みニューラルネットワークで処理するようにした部分を**リ
スト 5.7** に示します．最終的には電源の ON・OFF を示す LED は自販機マイコ
ンで操作しますが，簡略化するためにネズミマイコンで行います．

リスト 5.7　Raspberry Pi を用いてカメラ入力に焦点を当てたネズミ学習問題（LED とカメラの使用）:
skinner_DQN_state.py の一部

```
 1  import RPi.GPIO as GPIO
 2  #入出力の設定
 3  GPIO.setmode(GPIO.BOARD)  #ピン配置の番号を使用
 4  GPIO.setup(15, GPIO.OUT)  #15番ピンを出力
 5  import cv2
 6  cap = cv2.VideoCapture(0)
 7  SIZE=16
 8  #シミュレータクラスの設定
 9  class EnvironmentSimulator(py_environment.PyEnvironment):
10    def __init__(self):
11      super(EnvironmentSimulator, self).__init__()
12      self._observation_spec = array_spec.BoundedArraySpec(
13          shape=(SIZE, SIZE, 1), dtype=np.float64, minimum=0, maximum=1
14      )
15      self._action_spec = array_spec.BoundedArraySpec(
16          shape=(), dtype=np.int32, minimum=0, maximum=1
17      )
```

```
18        self._reset()
19  #初期化
20    def _reset(self):
21        img_state = np.zeros((SIZE, SIZE, 1), dtype=np.float64)
22        self._state = 0
23        return ts.restart(img_state)
24  #行動による状態変化
25    def _step(self, action):
26        reward = 0
27        if self._state == 0:       #電源OFFの状態
28          if action == 0:          #電源ボタンを押す
29            self._state = 1        #電源ON
30            GPIO.output(15, 1)     #電源LED ON
31          else:                    #行動ボタンを押す
32            self._state = 0        #電源OFF
33            GPIO.output(15, 0)     #電源LED OFF
34        else:                      #電源ONの状態
35          if action == 0:
36            self._state = 0
37            GPIO.output(15, 0)     #電源LED OFF
38          else:
39            self._state = 1
40            GPIO.output(15, 1)     #電源LED ON
41            reward = 1             #報酬が得られる
42        time.sleep(0.2)
43        for _ in range(4):
44          ret, frame = cap.read()  #画像の読み込み
45        gray = cv2.cvtColor(frame, cv2.COLOR_BGR2GRAY)  #グレースケールに変換
46        xp = int(frame.shape[1]/2)
47        yp = int(frame.shape[0]/2)
48        d = 150
49        cv2.rectangle(gray, (xp-d, yp-d), (xp+d, yp+d), color=0, thickness=2)  #切り抜
    く範囲を表示
50        img = cv2.resize(gray[yp-d:yp + d, xp-d:xp + d],(SIZE, SIZE))  #画像の中心を切
    り抜いて16×16の画像に変換
51        img = img/256.0  #0～1に正規化
52        img_state = img.reshape(SIZE, SIZE, 1)  #3次元行列に変換（16×16×1, 縦×横×
    チャンネル数）
53        return ts.transition(img_state, reward=reward, discount=1)  #TF-Agents用の戻り
    値の生成
54  #ネットワーククラスの設定
55  class MyQNetwork(network.Network):
```

```
56    def __init__(self, observation_spec, action_spec, n_hidden_channels=2,
  name='QNetwork'):
57      super(MyQNetwork, self).__init__(
58        input_tensor_spec=observation_spec,
59        state_spec=(),
60        name=name
61      )
62      n_action = action_spec.maximum - action_spec.minimum + 1
63      self.model = keras.Sequential(
64        [
65          keras.layers.Conv2D(16, 3, padding='same', activation='relu'),  #畳み込み
66          keras.layers.MaxPool2D(pool_size=(2, 2)),  #プーリング
67          keras.layers.Conv2D(64, 3, padding='same', activation='relu'),  #畳み込み
68          keras.layers.MaxPool2D(pool_size=(2, 2)),  #プーリング
69          keras.layers.Flatten(),  #平坦化
70          keras.layers.Dense(2, activation='softmax'),  #全結合層
71        ]
72      )
73    def call(self, observation, step_type=None, network_state=(), training=True):
74      observation = tf.cast(observation, tf.float64)
75      actions = self.model(observation, training=training)
76      return actions, network_state
77
78  def main():
79  (中略)
80    cap.release()  #最後にカメラの終了処理を行う
```

　まず，LED の点灯・消灯の部分について説明します．Raspberry Pi の出力を使うための設定（1～4 行目）を行います．ここでは 15 番ピンを出力に設定しました[注8]．そして，step 関数の中で電源が ON になったら LED を点灯させるために GPIO.output(15, 1) としています．

　次に，カメラ画像を入力として使う方法を説明します．ここでは入力をカメラ画像を用いて深層強化学習を行うため，リスト 5.2 の MNIST_CNN_camera.py とリスト 2.5 の maze_DQN.py の要素を合わせた構成となります．

　カメラの設定は 5, 6 行目で行い，プログラムが終了するときのカメラの終了処理は 80 行目で行っています．

注8　使用できるピンは限られています．付録 A.2 を参考にしてください．

そして，step メソッドの中で画像を読み取って（44 行目），切り抜いてサイズを変更し（50 行目），それを状態として用いるために変換（53 行目）しています．なお，画像は SIZE で指定した大きさに変更しています．これは MNIST_CNN_camera.py と同様の処理です．

これまでと異なるのはカメラ画像の読み込みを4回繰り返している点です．今回使用したカメラはハードウェア的に内部に数枚分のバッファを持っています．このバッファにより，LED の点灯状態が変わった直後の時刻の画像を取得しても内部バッファが読み込まれるため，LED の点灯状態が変わる前の画像を取得しています．この問題を回避するためにはバッファを空にしてから読み込むべきですが，現状ではそのような機能を持つ関数はありませんでした．そこで，このカメラのバッファの枚数に合わせて3回ダミーで読み込んでバッファを空にした後の画像を使っています．

画像を畳み込みニューラルネットワーク（CNN）の入力とするために状態を2次元に変更する設定をいくつかの部分（13，21，52 行目）で行っています．そして，reset メソッドと step メソッドの戻り値を畳み込みニューラルネットワーク用に変更しています．これは MNIST_CNN_camera.py と同様の処理です．

そして，63〜72 行目で使用するネットワークを畳み込みニューラルネットワークに変更しています．ここでは3×3のフィルタを用いて畳み込み処理を行い，最大値プーリングによるプーリング処理を行うことを2回行っています．行動は2つなので，出力は2値としています．

実行すると**ターミナル出力 5.3**が表示されます．この2つの数字の並び順は行動と報酬を表しています．今回のプログラムでは状態は16×16の値となるため，表示していません．エピソード数が100回程度で学習が完了し，ネズミは常に餌を得ることができるようになります．

なお，カメラの映り方で学習がうまくいかない場合があります．カメラの位置を調節したり，学習回数を増やしたりしてみてください．

ターミナル出力 5.3　skinner_DQN_state.py の実行結果

```
0 0
1 1
0 0
1 0
0 0
```

```
Episode:   1, R:  1, AL:0.2940, PE:1.000000
（中略）
0 0
1 1
1 1
1 1
1 1
Episode: 100, R:  4, AL:0.4517, PE:0.000000
```

◉ 5.2.6 自販機を実現（Arduino）

ここでは自販機を Arduino で実現します．自販機マイコンの回路図を**図
5.16** に示します．

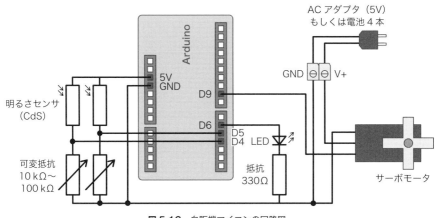

図 5.16 自販機マイコンの回路図

自販機マイコンでは次の3つを行います．

- 電源スイッチが押されたら，電源の状態を遷移させ，電源 ON の状態のとき
電源 LED を点灯
- 電源 ON の状態のとき商品スイッチが押されたら，サーボモータを回して
2秒間保持し，初期位置に復帰
- 電源スイッチも商品スイッチも押されない状態で2.5秒以上たったら初期状
態に戻る

　2秒間保持したり，2.5秒以上で初期状態になる時間は**図 5.17**（後述）に示すタイムチャートに従っています．

　これを実現するためのスケッチ（Arduino はプログラムのことをスケッチと呼びます）を**リスト 5.8**に示します．

リスト 5.8　自販機マイコンのスケッチ：skinner_DQN_Arduino.ino

```
 1  #include <Servo.h>
 2
 3  Servo myservo;
 4  int state;    //自販機のON：1, OFF：0
 5  unsigned long prev_t;  //ボタンが押されてからの経過時間
 6
 7  void setup() {
 8    pinMode(4,INPUT);    //電源スイッチ
 9    pinMode(5,INPUT);    //商品スイッチ
10    pinMode(6,OUTPUT);   //電源LED
11    myservo.attach(9);   //サーボモータの設定
12    myservo.write(60);   //初期角度に移動
13    prev_t = millis();
14    state = 0;           //電源をOFF
15    digitalWrite(6,state);  //最初は消灯
16  }
17
18  void loop() {
19    if(digitalRead(4)==LOW){   //電源ボタンが押されたら
20        if(state==0)state=1;   //ON・OFF反転
21        else state=0;
22        digitalWrite(6,state); //stateに従ってLEDの点灯・消灯
23        delay(2000);           //2秒待つ
24        prev_t = millis();     //現在の時間で経過時間をリセット
25    }
26    if(digitalRead(5)==LOW){   //商品ボタンが押されたら
27        if(state==1){          //電源がONなら
28          myservo.write(120);  //商品用のRCサーボモータを回転
29          delay(2000);         //2秒待つ
30          myservo.write(60);   //初期角度に
31        }
32        prev_t = millis();     //現在の時間で経過時間をリセット
33    }
34    if(millis()-prev_t>2500){  //2.5秒経過したか？
```

```
35      prev_t = millis();        //現在の時間で経過時間をリセット
36      state = 0;                //電源をOFF
37      digitalWrite(6,state);    //stateに従ってLEDの点灯・消灯
38   }
39 }
```

　スケッチの説明を行います.

　グローバル変数の設定をしています. 自販機マイコンは電源が ON なのか OFF なのかを state 変数で記憶しています. そして, ボタンが押されてからの経過時間を調べるための変数として prev_t を用意しています.

　Arduino は最初に 1 回だけ実行される setup 関数とその後何度も実行される loop 関数から成り立っています.

　まず, 初期設定に使う setup 関数の説明をします.

　ボタンの値を読み込んだり, 電源 LED を点灯・消灯させたりするために, 接続しているピンの入出力設定を pinMode 関数で行います. そして, サーボモータを 9 番ピンにつないで使うために myservo.attach 関数で設定し, myservo.write 関数で設定した角度になるようにサーボホーンを回転させます.

　経過時間を調べるために, 実行を開始してからの時間をミリ秒単位で調べることができる millis 関数で現在の時刻を調べています[注9].

　次に, 何度も実行される loop 関数の説明をします. センサが反応すると LOW (Raspberry Pi では 0 が表示されました) になります.

　電源ボタンが押されたかどうかは digitalRead 関数で 4 番ピンの値が LOW かどうかを調べています. 電源ボタンが押されていたら, state 変数を反転させて ON と OFF を切り替えます. そして, digitalWrite 関数で LED の点灯と消灯を行っています. また, ボタンが押されたので prev_t 変数を現在の時刻に更新しています.

　商品ボタンが押されたかどうかは digitalRead 関数で 5 番ピンの値が LOW かどうかを調べています.

　押されたとき, 電源が ON ならばサーボモータの角度を 120° にしてネズミマイコンについた報酬ボタンを反応させています. ここで, delay 関数で 2000 ミリ秒 (2 秒間) 待ちます. その後, サーボモータの角度を 60° (初期角度) に戻していま

注9　約 50 日でオーバーフローしてゼロに戻ります.

す．ここでもボタンが押されたので prev_t 変数を現在の時刻に更新しています．
このタイムチャートを**図 5.17** に示します．

　そして，ボタンが押されてから 2.5 秒（2500 ミリ秒）以上経過したかどうかを
34 行目の if 文で調べています．経過していれば，電源を OFF にします．

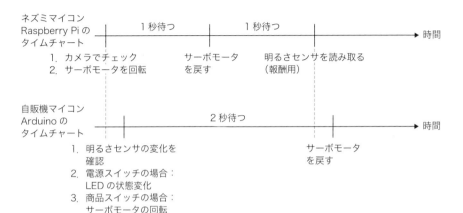

図 5.17 タイムチャート

◎◀ 5.2.7 連携させた動作（Raspberry Pi + Arduino）

最後に，図 5.6 の構成で実験を行います．ネズミマイコンの回路は 5.2.4 項の図 5.12 に示したものを使い，自販機マイコンの回路は 5.2.6 項の図 5.16 に示したものを使います．これを回路で実現したものを**図 5.18** に示します．

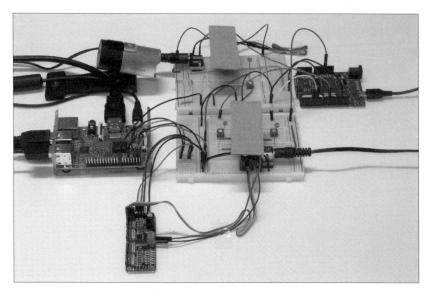

図 5.18　実験の写真（図 5.6 に示す構成で行った実験）

ネズミマイコン（Raspberry Pi）では次の 2 つを行います．

- カメラで状態を観察して行動を決定し，サーボモータをどちらかに回転させ 1 秒間保持
- 報酬スイッチをチェックし，報酬を決定

このタイムチャートを図 5.17 に加えます．

ネズミマイコン（Raspberry Pi）はカメラで状態を確認して行動を決めます．その行動に従ってサーボモータを回転させてます．実際の物が動くため，動作完了まで 1 秒待ちます．そのため，回転させて戻してから報酬のチェックを行うので，回転させ始めてから 2 秒後になります．

次に自販機マイコン（Arduino）に着目すると，サーボモータが回転を始めてセンサが反応すると，各種の処理を行い，報酬がある場合はサーボを回転させます．

ネズミマイコンのタイムチャートに照らし合わせると2秒間は保持する必要があることがわかります.

　ネズミマイコンのプログラムを**リスト5.9**に示します.変数の設定は3つを合わせたもので,ネットワークの設定は5.2.5項を用います.行動は5.2.2項と5.2.3項を合わせたものとなります.

リスト5.9　ネズミマイコンのプログラム：skinner_DQN_full.pyのシミュレータクラス

```
1  #シミュレータクラスの設定
2  class EnvironmentSimulator(py_environment.PyEnvironment):
3    def __init__(self):
4      super(EnvironmentSimulator, self).__init__()
5      self._observation_spec = array_spec.BoundedArraySpec(
6          shape=(SIZE, SIZE, 1), dtype=np.float64, minimum=0, maximum=1
7      )
8      self._action_spec = array_spec.BoundedArraySpec(
9          shape=(), dtype=np.int32, minimum=0, maximum=1
10     )
11     self._reset()
12   def observation_spec(self):
13     return self._observation_spec
14   def action_spec(self):
15     return self._action_spec
16  #初期化
17   def _reset(self):
18     img_state = np.zeros((SIZE, SIZE, 1), dtype=np.float64)
19     return ts.restart(img_state)
20  #行動による状態変化
21   def _step(self, action):
22     reward = 0
23     if action == 0:            #電源ボタンを押す
24       pwm.set_pwm(0, 0, 250)
25       time.sleep(1)
26       if GPIO.input(22)==0:   #商品があれば
27         reward = 1            #報酬が得られる
28     else:                     #行動ボタンを押す
29       pwm.set_pwm(0, 0, 550)
30       time.sleep(1)
31       if GPIO.input(22)==0:   #商品があれば
32         reward = 1  #報酬が得られる
```

5

実環境への応用

```
33    pwm.set_pwm(0, 0, 400)
34    time.sleep(1)
35    ret, frame = cap.read()   #画像の読み込み
36    gray = cv2.cvtColor(frame, cv2.COLOR_BGR2GRAY)   #グレースケールに変換
37    xp = int(frame.shape[1]/2)
38    yp = int(frame.shape[0]/2)
39    d = 150
40    cv2.rectangle(gray, (xp-d, yp-d), (xp+d, yp+d), color=0, thickness=2)   #切
      り抜く範囲を表示
41    img = cv2.resize(gray[yp-d:yp + d, xp-d:xp + d],(SIZE, SIZE))   #画像の中心
      を切り抜いて8×8の画像に変換
42    img = img/256.0
43    img_state = img.reshape(SIZE, SIZE, 1)   #3次元行列に変換（8×8×1，縦×横
      ×チャンネル数）
44    return ts.transition(img_state, reward=reward, discount=1)   #TF-Agents用の
      戻り値の生成
```

　これを実行すると，5.2.5 項のターミナル出力 5.3 と同様の表示が得られます．
サーボモータが動き，互いのマイコンの連携のため十分な時間を確保しているた
め，100 エピソード終了するまでに 1 時間近くかかりました．

5.3 エッジ動作：学習を PC で行って Raspberry Pi で動かす

できるようになること　エッジ動作の手順を知る

　実際のモノを動かしながら学習することはやはり時間がかかることがわかりま
した．しかしながら，シミュレーションだけでは実際の物を動かすことが難しい
こともわかりました．実際に動かすことも重要ですが，シミュレーションと連携
することが重要なことがわかります．そこで，デバイスの得意な部分を使って学
習と実装を分けて行うのがエッジの考え方です．

　エッジの手順を学ぶために，実際の写真を使って PC で学習し，学習済みポリ
シーを用いて Raspberry Pi で動かすことを行います．これには以下の手順が必
要となります．

● Raspberry Pi を用いて実環境のデータを取得

- PC（もしくは大型計算機）で学習
- 学習済みポリシーを用いて Raspberry Pi を動かして実環境に適用

これらを行うためのプログラムはこれまで説明してきたものを少しだけ改造するだけで実現できます．なお，学習データを取得するときと，学習済みポリシーを用いて実験するときの環境（カメラの位置や照明の明るさなど）は同じにしたほうがうまくいきます．特に本書の方法は学習時間を短くするための設定を行っていますので，環境が少しでも変わると動作しない可能性があります．

5.3.1　学習データの取得（Raspberry Pi）

使用プログラム　data_capture.py

データの取得は 5.1 節で用いた camera_test.py を改造して取得します．改造のポイントは以下の 2 点です．画像はほぼ同じ画像が取れますが，少しずつ違う画像になっています．点灯画像と消灯画像それぞれ 1 枚ずつだとうまく学習できないため，ここでは 30 枚ずつ集めています．

- LED の状態で別のフォルダに保存
  a キーを押すと LED を「点灯」させて「ON フォルダ」に保存
  s キーを押すと LED を「消灯」させて「OFF フォルダ」に保存
- 保存した順に番号をつけて 30 枚の画像を保存

このように改造したプログラムを**リスト 5.10** に示します．プログラムはもっとスマートに書けますが，2 つの動作なのでシンプルに並べて書いています．ここでのポイントは保存する画像は 4 回読み込んだ後の画像を使っている点です．これは画像 3 枚分のバッファが常に貯まっているためです．

リスト 5.10　画像の保存：data_capture.py

```
1  import cv2
2  import os
3  import time
4  import RPi.GPIO as GPIO
5
6  GPIO.setmode(GPIO.BOARD)    #ピン配置の番号を使用
7  GPIO.setup(15, GPIO.OUT)    #15番ピンを出力
```

```
 8
 9  def main():
10    n_on, n_off = 0, 0
11    cap = cv2.VideoCapture(0)
12    while True:
13      ret, frame = cap.read()      #画像の読み込み
14      gray = cv2.cvtColor(frame, cv2.COLOR_BGR2GRAY)  #グレースケールに変換
15      cv2.imshow('gray', gray)    #画像表示
16      key = cv2.waitKey(10)       #キー入力
17      if key == 97:               #aキーの場合
18        GPIO.output(15, 1)
19        for _ in range(4):
20          ret, frame = cap.read()  #画像の読み込み
21        gray = cv2.cvtColor(frame, cv2.COLOR_BGR2GRAY)  #グレースケールに変換
22        cv2.imwrite(os.path.join('img',f'ON_{n_on}.png'), gray)  #ONフォルダに保
存
23        print(f'ON: {n_on}')
24        n_on = n_on + 1
25      elif key == 115:            #sキーの場合
26        GPIO.output(15, 0)
27        for _ in range(4):
28          ret, frame = cap.read()  #画像の読み込み
29        gray = cv2.cvtColor(frame, cv2.COLOR_BGR2GRAY)  #グレースケールに変換
30        cv2.imwrite(os.path.join('img',f'OFF_{n_off}.png'), gray)  #OFFフォルダ
に保存
31        print(f'OFF: {n_off}')
32        n_off = n_off + 1
33      elif key == 113:            #qキーの場合
34        break                     #ループを抜けて終了
35    cap.release()
36
37  if __name__ == '__main__':
38    main()
```

🎥 5.3.2　実際の画像を用いて学習（PC）

使用プログラム　skinner_DQN_img.py

　学習は 5.2.5 項の skinner_DQN_state.py を改造して使います．改造のポイントは以下の 2 点です．

- カメラより得られた画像を用いていた部分を読み込んだ画像を使う．
- サーボモータを動かしたりセンサの値を読み込んだりしないようにする．

　なお，今回は 30 枚と決まっていますので，乱数で画像を選んで（18 行目），読み込んで（20, 22 行目）います．

　このように改造したプログラムを**リスト 5.11** に示します．

リスト 5.11　画像を用いた学習：skinner_DQN_img.py

```
 1  import os
 2  #シミュレータクラスの設定
 3  class EnvironmentSimulator(py_environment.PyEnvironment):
 4  #行動による状態変化
 5    def _step(self, action):
 6      reward = 0
 7      if self._state == 0:    #電源OFFの状態
 8        if action == 0:       #電源ボタンを押す
 9          self._state = 1     #電源ON
10        else:                 #行動ボタンを押す
11          self._state = 0     #電源OFF
12      else:                   #電源ONの状態
13        if action == 0:
14          self._state = 0
15        else:
16          self._state = 1
17          reward = 1          #報酬が得られる
18      n = random.randrange(30)
19      if self._state == 1:
20        frame = cv2.imread(os.path.join('img',f'ON_{n}.png'))   #ON画像の読み込み
21      else:
22        frame = cv2.imread(os.path.join('img',f'OFF_{n}.png'))   #OFF画像の読み込み
23      gray = cv2.cvtColor(frame, cv2.COLOR_BGR2GRAY)  #グレースケールに変換
```

```
24    xp = int(frame.shape[1]/2)
25    yp = int(frame.shape[0]/2)
26    d = 150
27    cv2.rectangle(gray, (xp-d, yp-d), (xp+d, yp+d), color=0, thickness=2)  #切
り抜く範囲を表示
28    img = cv2.resize(gray[yp-d:yp + d, xp-d:xp + d],(SIZE, SIZE))  #画像の中心
を切り抜いて8×8の画像に変換
29    img = img/256.0
30    img_state = img.reshape(SIZE, SIZE, 1)  #3次元行列に変換 (8×8×1，縦×横
×チャンネル数)
31    return ts.transition(img_state, reward=reward, discount=1)  #TF-Agents用の
戻り値の生成
```

◖◗ 5.3.3　学習済みポリシーを用いてエッジ動作（Raspberry Pi + Arduino）

使用プログラム　skinner_DQN_img_PC.py, skinner_DQN_img_edge.py

　最後に学習済みポリシーを用いた実験を行います．これは skinner_DQN_full.py を改造して使います．

　改造のポイントは以下の 3 点です．

- 学習済みポリシーの読み込み
- 学習に必要な部分の削除（これ以上学習しないため）
- エピソードを 1 回に変更

　このように改造したプログラムを**リスト 5.12** に示します．

リスト 5.12　学習済み policy を用いたエッジ動作：skinner_DQN_img_PC.py, skinner_DQN_img_edge.py

```
1 #シミュレータクラスの設定（同じ）
2
3 #ネットワークの設定（削除）
4
5 def main():
6 #環境の設定
7   env_py = EnvironmentSimulator()
8   env = tf_py_environment.TFPyEnvironment(env_py)
```

```
 9  #行動の設定
10    policy = tf.compat.v2.saved_model.load(os.path.join('policy'))
11
12    episode_rewards = 0  #報酬の計算用
13    policy._epsilon = 0  #epsilon[episode]#エピソードに合わせたランダム行動の確
      率
14    time_step = env.reset()  #環境の初期化
15
16    for t in range(5):  #各エピソード5回の行動
17      policy_step = policy.action(time_step)  #状態から行動の決定
18      next_time_step = env.step(policy_step.action)  #行動による状態の遷移
19
20      A = policy_step.action.numpy().tolist()[0]  #行動
21      R = next_time_step.reward.numpy().astype('int').tolist()[0]  #報酬
22      print(A, R)
23      episode_rewards += R  #報酬の合計値の計算
24
25      time_step = next_time_step
26
27    print(f'Rewards:{episode_rewards}')
```

5

実環境への応用

　まず，PC 上でうまく学習できていることと，ポリシーの読み込みができている
ことをリスト 5.12 に示した skinner_DQN_img_PC.py を用いて確認します．なお，
skinner_DQN_img_PC.py のシミュレータクラスは，リスト 5.11 に示した skinner_
DQN_img.py のシミュレータクラスを用います．

```
0 0
1 1
1 1
1 1
1 1
Rewards:4
```

　最後に，学習済みポリシーを使って Raspberry Pi を動かします．これには，
skinner_DQN_img_edge.py を用います．なお，skinner_DQN_img_edge.py のシ
ミュレータクラスはリスト 5.9 に示した skinner_DQN_full.py のシミュレータクラ
スを用います．これを実行すると PC で実行したのと同じ表示となり，実際の動
作も 4 回報酬を得る動作を行います．

5.4　おわりに

　以上で，実際の環境で深層強化学習を使う方法の説明が終わりました．本書を最後までお読みいただきまして，ありがとうございました．

　ここに至るまでに，深層学習（第 2 章）や強化学習（Q ラーニング）（第 3 章）から始まり，それを組み合わせた深層強化学習（第 4 章）を使いこなすための説明，実際のモノへの応用（第 5 章）と，ステップアップ方式で説明をしてきました．本書が，読者の皆様が深層強化学習について理解を深めるためのお役に立てれば幸いです．また，深層強化学習は，ロボットに代表されるように実際に動くモノへの応用がしやすい機械学習手法ですので，本書で取り上げた例を参考に，深層強化学習を使った新しいモノづくりへの手助けにもなることも願っています．

　深層学習や深層強化学習は，世界中で研究がなされており，ものすごい勢いで新しくかつ有効な方法が開発されています．最近は，このような新しい手法が論文のリプリントサイト（https://arxiv.org）にアップロード・公開されていますので，本書で深層強化学習を学んで理解を深められた読者の皆様も，手軽に最新の研究成果に触れることができます．今後，本書で学ばれたことをきっかけに，深層強化学習についての知識をより深められ，さらに興味を持っていただくことができましたら，これ以上の著者冥利はございません．

付録

A.1 プログラムを書くためのエディタ

Python などのプログラムは,「エディタ」と呼ばれるテキストを編集するソフトウェアを使うと見やすく書くことができます. ここでは3つのエディタを紹介します. なお, ここで紹介するエディタはすべて無料です.

1. Visual Studio Code

Windows, Linux, Mac で動作するエディタです. オープンソースソフトウェアのエディタで Microsoft 社が提供しています. デバッグのための1行実行ができることなどが魅力です.

公式ホームページ：https://code.visualstudio.com/

2. Atom

Windows, Linux, Mac で動作するエディタです. 拡張機能が数多く公開されており, 人気の拡張機能が標準機能として加わったりと, いまも進化し続けています.

公式ホームページ：https://atom.io/

3. サクラエディタ

Windows で動作するエディタです. メモ帳のように簡単に使うことができる点が魅力です. 本書の Windows 環境におけるサンプルプログラムの動作確認は, プログラムをサクラエディタで作成し, ターミナル上から実行することで行っています.

公式ホームページ：http://sakura-editor.sourceforge.net/

A.2 Raspberry Pi の設定

Raspberry Pi (以降 RasPi) を使用するときに必要な設定やインストール方法をまとめました.

1 OSのインストール
2 PC から RasPi へのプログラムの転送とリモートログオン
3 入出力ピンの設定
4 RC サーボモータを使うための設定

◀ A.2.1 OS のインストール

まず, OS のインストールを行います. RasPi の公式ホームページ (https://www.raspberrypi.org/) のトップページ上部にある「DOWNLOADS」をクリックするか, 次のアドレスにアクセスします.

https://www.raspberrypi.org/downloads/

ここでは, Raspberry Pi Imager を利用します. まず, それぞれの OS に合わせたインストーラをダウンロードしてインストールします.

次に, SD カードに RasPi の OS を書き込みます. ここは【注意が必要な設定】です. PC に SD カードを差し込んで, Raspberry Pi Imager を実行すると**図 A.1** が表示されますので以下の設定をします.

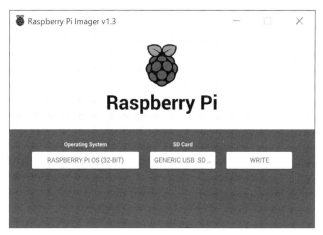

図 A.1 Raspberry Pi Imager の画面

- Operating System：RASPBERRY PI OS (32-BIT)
- SD Card：PC に差し込んだ SD カード【注意】

┌─【注意】SD カードの選択─────────────────────────
│ SD カードを選択する部分では USB 接続されている機器がすべて表示され
│ ることがあります．筆者の環境ではハードディスクも選択できました．この
│ 処理を行うと SD カードやハードディスクに保存してあるデータがすべて消
│ 去されます．設定を間違えるとハードディスクや他にお使いの USB フラッ
│ シュメモリの内容が消えることがありますので，十分に確認してから行って
│ ください．
└───

　SD カードの設定が正しいことを確認し，「WRITE」をクリックすると OS の書
き込みが始まります．
　その後，Raspberry Pi にマウスやキーボード，ディスプレイ，あれば LAN ケー
ブルをつないでから電源を差し込みます．いくつか設定項目がありますが，30 分
程度でインストールが終了します．

◖A.2.2　プログラムの転送とリモートログオンの設定

　次に，プログラムの転送とリモートログオンの設定をします．ここでは Windows
を対象として説明を行います．転送設定を行えば PC 上で作ったプログラムを

RaSPi に転送でき，作業が楽になります．転送には WinSCP を使います．そして，リモートログオンの設定をすれば，PC 上のコンソール画面から RaSPi コマンドを入力することができます．リモートログオンには PuTTY を使います．

1. RasPi の作業

WinSCP を使うには RaSPi 上で ssh を起動して，ファイル転送を受け入れる用意をしておく必要があります．まず，次のコマンドを実行します．

```
$ sudo raspi-config
```

図 **A.2** が表示されますので，上下のカーソルキーで「5 Interfacing Options」を選択して Enter キーを押します．

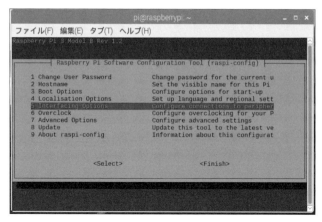

図 **A.2** SSH の設定 1

図 **A.3** が表示されますので，「P2 SSH」を選択して Enter キーを押します．

「Would you like the SSH server to be enabled?」と聞かれますので，「< はい >」を選択して Enter キーを押します．「The SSH server is enabled」と表示が変わりますので，「< 了解 >」が選択された状態で Enter キーを押します．図 A.2 に戻りますので，右矢印キーを押して，「<Finish>」を選択して Enter キーを押すと終了します．

図 A.3 SSH の設定 2

次に，RasPi に LAN ケーブルを差し込み，インターネットにつないでください．ターミナル上で ifconfig を実行すると，次のように表示されます．表示結果の eth0 の中の inet の後ろに書かれた IP を使って WinSCP とつなぎます．なおここでは，IP を xxx.xxx.xxx.xxx として表しています．

```
$ ifconfig
eth0: flags=4163<UP,BROADCAST,RUNNING,MULTICAST>  mtu 1500
        inet xxx.xxx.xxx.xxx  netmask 255.255.255.0  broadcast xxx.xxx.xxx.255
（以下省略）
```

2. PC の作業（転送）

PC では，まず WinSCP を次の URL からダウンロードし，インストールします．

```
https://winscp.net/eng/download.php
```

WinSCP を起動すると**図 A.4** のように表示されます．

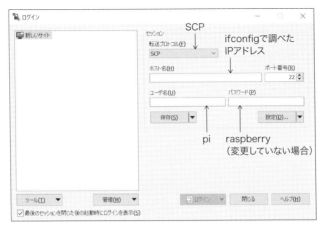

図 A.4 WinSCP の設定

この画面で次の項目を入力して「ログイン」をクリックすると，RasPi とつなが
ります．

- 転送プロトコル：SCP
- ホスト名：ifconfig で調べた IP アドレス
- ユーザ名：pi
- パスワード：raspberry（変更していない場合）

RasPi とつながると左側に Windows のフォルダが，右側に RasPi のディレク
トリが表示されます．ファイルをドラッグアンドドロップして移動することがで
きます．

3. PC の作業（リモートログオン）

PC では，まず PuTTY を次の URL からダウンロードし，インストールします．

```
https://www.putty.org/
```

PuTTY を起動すると**図 A.5** のように表示されます．
この画面で次の項目を入力して「ログイン」をクリックします．

- Host Name：ifconfig で調べた IP アドレス

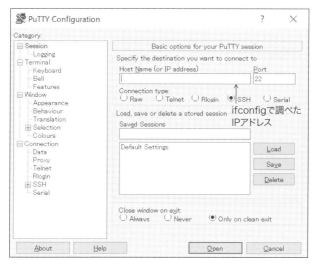

図 **A.5** PuTTY の起動

コンソールが表示されますので以下を入力すると，RasPi とつながります．

- login as：pi
- password：raspberry（変更していない場合，入力しても何も表示されません
ん）

A.2.3 入出力設定

　バージョンによって入出力がうまくできない場合があります．以下のコマンド
を入力しても，情報が表示されない場合，入出力用ライブラリの更新が必要とな
ります．なお，以下のように gpio readall コマンドを実行するとピン番号と機
能の関係が表示されます．

```
$ gpio -v
gpio version: 2.52
Copyright (c) 2012-2018 Gordon Henderson
This is free software with ABSOLUTELY NO WARRANTY.
For details type: gpio -warranty

Raspberry Pi Details:
  Type: Pi 4B, Revision: 02, Memory: 4096MB, Maker: Sony
```

A

付録

```
 * Device tree is enabled.
 *--> Raspberry Pi 4 Model B Rev 1.2
 * This Raspberry Pi supports user-level GPIO access.
```

```
$ gpio readall
 +-----+-----+---------+------+---+---Pi 4B--+---+------+---------+-----+-----+
 | BCM | wPi |   Name  | Mode | V | Physical | V | Mode | Name    | wPi | BCM |
 +-----+-----+---------+------+---+----++----+---+------+---------+-----+-----+
 |     |     |    3.3v |      |   |  1 || 2  |   |      | 5v      |     |     |
 |   2 |   8 |   SDA.1 |   IN | 1 |  3 || 4  |   |      | 5v      |     |     |
 |   3 |   9 |   SCL.1 |   IN | 1 |  5 || 6  |   |      | 0v      |     |     |
 |   4 |   7 | GPIO. 7 |   IN | 1 |  7 || 8  | 1 | IN   | TxD     | 15  | 14  |
 |     |     |      0v |      |   |  9 || 10 | 1 | IN   | RxD     | 16  | 15  |
 |  17 |   0 | GPIO. 0 |   IN | 0 | 11 || 12 | 0 | IN   | GPIO. 1 | 1   | 18  |
 |  27 |   2 | GPIO. 2 |   IN | 1 | 13 || 14 |   |      | 0v      |     |     |
 |  22 |   3 | GPIO. 3 |   IN | 1 | 15 || 16 | 0 | IN   | GPIO. 4 | 4   | 23  |
 |     |     |    3.3v |      |   | 17 || 18 | 0 | IN   | GPIO. 5 | 5   | 24  |
 |  10 |  12 |    MOSI |   IN | 0 | 19 || 20 |   |      | 0v      |     |     |
 |   9 |  13 |    MISO |   IN | 0 | 21 || 22 | 0 | IN   | GPIO. 6 | 6   | 25  |
 |  11 |  14 |    SCLK |   IN | 0 | 23 || 24 | 1 | IN   | CE0     | 10  | 8   |
 |     |     |      0v |      |   | 25 || 26 | 1 | IN   | CE1     | 11  | 7   |
 |   0 |  30 |   SDA.0 |   IN | 1 | 27 || 28 | 1 | IN   | SCL.0   | 31  | 1   |
 |   5 |  21 | GPIO.21 |   IN | 1 | 29 || 30 |   |      | 0v      |     |     |
 |   6 |  22 | GPIO.22 |   IN | 1 | 31 || 32 | 0 | IN   | GPIO.26 | 26  | 12  |
 |  13 |  23 | GPIO.23 |   IN | 0 | 33 || 34 |   |      | 0v      |     |     |
 |  19 |  24 | GPIO.24 |   IN | 0 | 35 || 36 | 0 | IN   | GPIO.27 | 27  | 16  |
 |  26 |  25 | GPIO.25 |   IN | 0 | 37 || 38 | 0 | IN   | GPIO.28 | 28  | 20  |
 |     |     |      0v |      |   | 39 || 40 | 0 | IN   | GPIO.29 | 29  | 21  |
 +-----+-----+---------+------+---+----++----+---+------+---------+-----+-----+
 | BCM | wPi |   Name  | Mode | V | Physical | V | Mode | Name    | wPi | BCM |
 +-----+-----+---------+------+---+---Pi 4B--+---+------+---------+-----+-----+
```

更新は以下のコマンドで行います.

```
$ wget https://project-downloads.drogon.net/wiringpi-latest.deb
$ sudo dpkg -i wiringpi-latest.deb
```

◉ **A.2.4** RC サーボモータの設定

RC サーボモータ（以下サーボモータ）を使うためにはサーボモータのドライバ（PCA9685 16Channel 12 ビット PWM サーボモータドライバ）を利用します．これを使うと I²C 通信でサーボモータを動かすことができます．

まず，I²C 通信を有効にします．次のコマンドを実行すると図 A.2 が開きます．

```
$ sudo raspi-config
```

上下のカーソルキーで「5 Interfacing Options」を選択して Enter キーを押すと，**図 A.6** が表示されます．この画面のように「P5 I2C」を選択して Enter キーを押します．「Would you like the ARN I2C interface to be enabled?」と聞かれますので，「< はい >」を選択して Enter キーを押します．「The ARN I2C interface is enabled」と表示が変わりますので，「< 了解 >」が選択された状態で Enter キーを押します．図 A.2 に戻りますので，右矢印キーを押して，「<Finish>」を選択して Enter キーを押すと終了します．

図 A.6 I²C 通信の設定（サーボモータ用）

次に，以下のコマンドを実行します．

```
$ sudo apt install python-smbus i2c-tools
$ sudo nano /etc/modules
```

2行目のコマンドの実行によってエディタが開きますので，次の2行を追加してください．

```
i2c-dev
i2c-bcm2708
```

保存して終了し，コマンドラインモードに戻ります．次のコマンドを実行してRasPiを再起動してください．

```
$ sudo reboot now
```

再起動後，次のコマンドを実行して，正しくインストールできているかどうかの確認を行います．なお，-- がたくさん並んだものが表示されない場合，「sudo i2cdetect -y 0」ではなく「sudo i2cdetect -y 1」を実行してください[注1]．

```
$ sudo i2cdetect -y 0
     0  1  2  3  4  5  6  7  8  9  a  b  c  d  e  f
00:          -- -- -- -- -- -- -- -- -- -- -- -- --
10: -- -- -- -- -- -- -- -- -- -- -- -- -- -- -- --
20: -- -- -- -- -- -- -- -- -- -- -- -- -- -- -- --
30: -- -- -- -- -- -- -- -- -- -- -- -- -- -- -- --
40: 40 -- -- -- -- -- -- -- -- -- -- -- -- -- -- --
50: -- -- -- -- -- -- -- -- -- -- -- -- -- -- -- --
60: -- -- -- -- -- -- -- -- -- -- -- -- -- -- -- --
70: 70 -- -- -- -- -- -- --
```

最後にモータドライバを使う準備をします．次のコマンドを実行します．

```
$ sudo apt install git build-essential python-dev
$ cd ~
$ git clone https://github.com/adafruit/Adafruit_Python_PCA9685.git
$ cd Adafruit_Python_PCA9685
$ sudo python3 setup.py install
```

注1 図A.7のようにRasPiとモータドライバがつながっていない場合は40，70は表示されず，すべて -- になります．

設定ができたら**図 A.7** に示す回路図のようにサーボモータと RasPi をつなぎます.

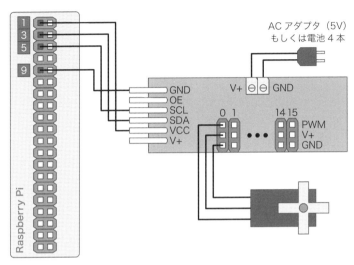

図 A.7　回路図

サーボモータのテストには**リスト A.1** に示すプログラムを用いて，次のコマンドで行います．200 から 600 までの数の入力を促され，数を入力するとサーボモータが回転します.

リスト A.1　サーボモータのテスト：servo_test.py

```
1  import Adafruit_PCA9685
2
3  pwm = Adafruit_PCA9685.PCA9685()
4  pwm.set_pwm_freq(60)  #サーボモータの周期の設定
5  while True:
6    angle = input('[200-600]:')  #200から600までの数値を入力
7    pwm.set_pwm(0,0,int(angle))  #ドライバの接続位置，i2cdetectで調べた番号，サ
       ーボモータの回転
```

```
$ python3 servo_test.py
[200-600]:300 ← 数を入力してEnter
```

リスト A.1 のプログラムでは，まず，サーボモータドライバ用のライブラリを
インポートしています．そしてインスタンスを作成し，pwm.set_pwm_freq 関数で
PWM 周期を Hz 単位で指定します．実際にサーボモータを動かすのは pwm.set_
pwm 関数です．サーボモータドライバのポート番号（図 A.7 で RC サーボモータが
0 番ポートにつながっているから 0 を指定），I²C の番号（sudo i2cdetect -y 0 と
したときに正常な出力がなされたので 0 を指定），デューティ比を引数として実
行します．

角度とデューティ比の関係は，いくつか数を入れながら実験的に探してみてく
ださい．

A.3　Arduino のインストール

Arduino のインストール，初期設定，サンプルプログラムの実行までを説明
します．なお，Arduino にはいろいろな種類がありますが，筆者が検証に使った
Arduino は Arduino Uno です．

まず，開発環境のインストールを行います．Arduino の公式ホームペー
ジ（https://www.arduino.cc/）のトップページ上部にある「SOFTWARE」→
「DOWNLOADS」をクリックするか，次のアドレスにアクセスします．

```
https://www.arduino.cc/en/Main/Software
```

各種 OS 向けの IDE が選べます．お使いの OS に合わせてダウンロードしてく
ださい．本書では「Windows ZIP file for non admin install」をダウンロードした
ものとします．

ダウンロードするバージョンを選択すると，寄付するかどうかのページが開
きます．寄付をしない場合は「JUST DOWNLOAD」をクリックしてダウンロー
ドします．ダウンロードした zip ファイルを解凍するだけでインストールは終了
です．

次に，Arduino と PC を USB ケーブルでつなぎます．解凍したフォルダの中に
ある「arduino.exe」を実行すると，**図 A.8** のように表示されます．

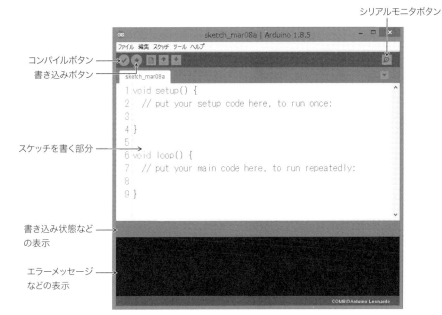

シリアルモニタボタン

コンパイルボタン
書き込みボタン

スケッチを書く部分

書き込み状態など
の表示

エラーメッセージ
などの表示

図 A.8 Arduino の開発環境の画面

ここでは設定が 2 点必要になります.

1 **ボードの設定**:
　「ツール」→「ボード」をクリックし,お使いの Arduino の種類を選択します.

2 **ポートの設定**:
　「ツール」→「ポート」をクリックし,Arduino がつながっているポートを選択します.たいていの場合,ポートの後ろに Arduino と書いてあります.

　最後に Arduino に付いている LED を点滅させるサンプルスケッチ(プログラムのこと)を実行して,設定ができていることを確認します.「ファイル」→「スケッチの例」→「01.Basic」→「Blink」を選択してください.

　サンプルスケッチが表示されたら,図 A.8 の左から 2 番目の矢印が書かれた書き込みボタンをクリックして Arduino に書き込みます.エラーメッセージなどの表示領域に「ボードへの書き込みが終了しました.」と表示されたら書き込み成功です.Arduino に付いている LED が 1 秒おきに点滅します.

A
付録

A.4 ARM 系 CPU 搭載 PC へのインストール

TensorFlow は ARM 系 CPU 搭載の Windows PC へのインストールが想定されていません．以下は筆者の環境でインストールが成功した事例となります．

使用 PC：SurfaceGo

- OS：Windows 10 Home
- プロセッサ：インテル (R) Pentium(R) Processor 4415Y
- 実装 RAM：8GB
- 記憶容量：SSD128GB

1. Build Tools for Visual Studio 2019 のインストール

TensorFlow をインストールする前に Build Tools for Visual Studio 2019 をインストールしておくとトラブルが少ないです．インストール手順を以下に示します．

1　Visual Studio のダウンロードの Web ページ[注2] を開く（**図 A.9**）
2　Visual Studio 2019 のツールをクリック
3　下へスクロール
4　Build Tools for Visual Studio 2019 のダウンロードをクリック
5　ダウンロードしたファイルを実行
6　**図 A.10** が表示されたら，C++ Build Tools を選択してインストールをクリック
7　インストールが終了すると「インストールが正常に終了」と表示される

2. Python3.7 のインストール

A.5 を参考にインストールしてください。

注2　https://visualstudio.microsoft.com/ja/downloads/

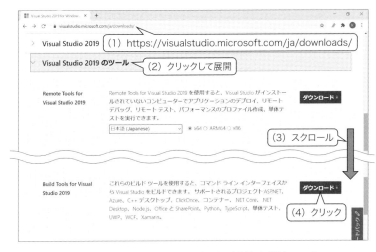

図 A.9 Build Tools for Visual Studio 2019 のダウンロード

図 A.10 C++ Build Tools のインストール

A.5 フレームワークなどのインストール

最新版の Anaconda は Python3.8 がインストールされます．ここでは Python3.7 を使う必要がありますので，以下の手順に従って仮想環境を構築し，仮想環境上にインストールを行います．なお，以下では本書に必要なすべてのフレームワー

ク・ライブラリのインストールを行っています.

```
$ conda create -n py37 python=3.7
Downloading and Extracting Packages
certifi-2020.6.20    | 156 KB    | ######################### | 100%
wincertstore-0.2     | 14 KB     | ######################### | 100%
wheel-0.34.2         | 66 KB     | ######################### | 100%
python-3.7.7         | 14.3 MB   | ######################### | 100%
pip-20.1.1           | 1.7 MB    | ######################### | 100%
setuptools-49.2.0    | 760 KB    | ######################### | 100%
Preparing transaction: done
Verifying transaction: done
Executing transaction: done
#
# To activate this environment, use
#
#     $ conda activate py37
#
# To deactivate an active environment, use
#
#     $ conda deactivate
$ conda activate py37
(py37)$  pip install tf-agents==0.3.0
(py37)$  conda install tensorflow==2.0.0
(py37)$  pip install tensorflow-probability==0.8.0
(py37)$  pip install gym
(py37)$  pip install gym[atari]
(py37)$  pip instal vpython
(py37)$  pip install scukit-learn
(py37)$  pip install matplotlib
(py37)$ conda deactivate
$
```

　プログラムを実行する方法を示します.Anaconda プロンプトを立ち上げた後,
以下のコマンドで仮想環境に入ります.

```
$ conda activate py37
(py37)$
```

(Py37)\$ が表示されている状態で各種のプログラムを実行します.
仮想環境から抜けるには以下のコマンドを実行します.

```
(py37)$ conda deactivate
$
```

A.6 VirtualBox のインストール

Windows ではアプリケーションのアップデートなどにより本書のプログラム
が動作しなくなる可能性があります. そこでここでは, Windows の方を対象と
して VirtualBox および Ubuntu (Linux) のインストール, 環境設定を行います.
なお 2020 年 12 月時点での Ubuntu の最新バージョンは 20.04 ですが, 本書では
18.04 で動作確認しています.

まず, 次のサイトにアクセスして, VirtualBox をダウンロードします.

```
https://www.virtualbox.org/wiki/Downloads
```

Windows hosts をクリックしてインストーラをダウンロードします. ダウン
ロードしたインストーラを実行するとインストールが始まります. VirtualBox の
インストールが完了したら, Ubuntu をインストールします. まず, Ubuntu (こ
こでは 18.04) のイメージをダウンロードします. 次のサイトにアクセスしてくだ
さい.

```
https://www.ubuntulinux.jp/News/ubuntu1804-ja-remix
```

このページで「ubuntu-ja-18.04.3-desktop-amd64.iso (ISO イメージ)」をク
リックして iso ファイルをダウンロードします. ダウンロードが完了したら,
VirtualBox を起動します.

VirtualBox 左上[注3] の「新規」アイコンをクリックして, 名前に「DQN」, タイプ
に「Linux」, バージョンに「Ubuntu (64bit)」を選択し, メモリは「4096 MB」と

注3 アイコンの配置はソフトウェアのバージョンアップにより, 変わることがあります.

して「作成」をクリックします．仮想ハードディスクについてはサイズを 16 GB にして作成してください．なお，ここでは名前を「DQN」としましたが，ほかの名前でも構いません．メモリやファイルサイズはこれより小さいと動かない場合がまれにあります．

作成後にできたアイコン（DQN と名前の付いたもの）を選択してから「起動」をクリックします．「起動ハードディスクを選択」と書かれたダイアログが表示されますので，先ほどダウンロードした Ubuntu の iso ファイルを選択して，「起動」をクリックします．Ubuntu のインストールが始まります．

インストールが完了すると，Ubuntu が起動します．「システムプログラムの問題がみつかりました」と書かれたダイアログボックスが表示されることもありますが，たいていの場合は支障ありません．ここで，次の2つの設定をしておくと便利です．

◎ A.6.1　コピー&ペースト

Windows 上でコピーした内容を VirtualBox 上の Ubuntu にペーストしたり，その逆をしたりするには設定が必要です．

DQN を起動した状態で，VirtualBox のツールバーで「デバイス」→「Guest Additions CD イメージの挿入」を選択します．「自動実行しますか？」と聞かれますので「実行」をクリックし，パスワードを入力します．ターミナルで「Press Return to close this window …」と表示されたら，Enter キーを押せば自動的にターミナルが閉じます．

その後，ツールバーで「デバイス」→「クリップボードの共有」→「双方向」を選択します．続いて，ターミナルを起動して次のコマンドを実行します．「You may need …」が表示されたら再起動します．

```
$ cd /media/【ユーザ名】/VBox_GAs_6.1.12/
$ sudo ./VBoxLinuxAdditions.run
```

◎ A.6.2　共有フォルダ

共有フォルダとは，VirtualBox 上の Ubuntu から Windows 上のフォルダにアクセスできるフォルダのことです．まずは Windows 上にそのフォルダを作成し

ます．ここではドキュメントフォルダの下に DQN フォルダを作成し，その下に
Ubuntu フォルダを作成して共有フォルダとして設定するものとします．

　VirtualBox のツールバーで「デバイス」→「共有フォルダー」→「共有フォル
ダー設定」を選択します．設定画面が表示されるので，右側にある「＋」（プラス
印）の付いたフォルダアイコンをクリックし，フォルダのパスに先ほど作成した
Ubuntu フォルダを選択します．「自動マウント」と「永続化する」にチェックを
入れて「OK」をクリックします．

　ターミナルを起動し，次を実行してから再起動します．

```
$ sudo gpasswd -a 【ユーザ名】 vboxsf
```

　Ubuntu 上の共有フォルダは「/media/sf_Ubuntu/DQN」となります．

A

付
録

索 引

〈著者略歴〉

牧 野 浩 二 (まきの　こうじ)

1975 年　神奈川県横浜市生まれ.
1994 年　神奈川県立横浜翠嵐高等学校　卒業
2001 年　株式会社本田技術研究所　研究員
2008 年　東京工業大学　大学院理工学研究科　制御システム工学専攻　修了　博士 (工学)
2008 年　財団法人高度情報科学技術研究機構　研究員
2009 年　東京工科大学　コンピュータサイエンス学部　助教
2013 年　山梨大学　大学院総合研究部工学域　助教
2019 年　山梨大学　大学院総合研究部工学域　准教授

これまでに地球シミュレータを使用してナノカーボンの研究を行い，Arduino を使ったロボコン型実験を担当した. マイコンからスーパーコンピュータまで様々なプログラミング経験を持つ. おもに，人間の暗黙知（わかっているが言葉に表せないエキスパートが持つ知識）に取り組んでおり，計測機器開発からデータ解析まで一貫した研究を行っている.

【おもな著書】
・『たのしくできる Arduino 電子工作』東京電機大学出版局（2012）
・『たのしくできる Arduino 電子制御』東京電機大学出版局（2015）
・『たのしくできる Intel Edison 電子工作』東京電機大学出版局（2017）
・『算数&ラズパイから始めるディープ・ラーニング』CQ 出版社（2018），共著
・『データサイエンス教本』オーム社（2018），共著
・『Python による深層強化学習入門 Chainer と OpenAI Gym ではじめる強化学習』オーム社（2018），
　共著
・『Python データエンジニアリング入門』オーム社（2020），共著

西 崎 博 光 (にしざき　ひろみつ)

1975 年　兵庫県佐用町生まれ.
1996 年　津山工業高等専門学校　情報工学科卒業
2003 年　豊橋技術科学大学　大学院工学研究科博士課程電子・情報工学専攻修了　博士（工学）
2003 年　山梨大学　大学院医学工学総合研究部　助手
2015 年　国立台湾大学　電機情報学院　客員研究員
2016 年　山梨大学　大学院総合研究部工学域　准教授

おもに，音声情報処理の研究に取り組んでおり，特に音声認識や大規模音声データベースから該当する音声を見つけ出す音声ドキュメント検索の研究を行っている. 最近では，音声認識や検索技術を活かしたノートテイキングや技術伝承支援の研究に従事している.

【おもな著書】
・『算数&ラズパイから始めるディープ・ラーニング』CQ 出版社（2018），共著
・『Python による深層強化学習入門 Chainer と OpenAI Gym ではじめる強化学習』オーム社（2018），
　共著
・『たのしくできる深層学習 & 深層強化学習による電子工作』東京電機大学出版局（2020），共著

TensorFlow による深層強化学習入門
― OpenAI Gym + PyBullet によるシミュレーション―

2021 年 2 月 10 日　　第 1 版第 1 刷発行

著　者　牧野浩二・西崎博光
発行者　村上和夫
発行所　株式会社　オーム社
　　　　郵便番号　101-8460
　　　　東京都千代田区神田錦町 3-1
　　　　電話　03(3233)0641(代表)
　　　　URL　https://www.ohmsha.co.jp/

© 牧野浩二・西崎博光 2021

組版　トップスタジオ　　印刷・製本　三美印刷
ISBN978-4-274-22673-1　Printed in Japan

本書の感想募集 https://www.ohmsha.co.jp/kansou/

本書をお読みになった感想を上記サイトまでお寄せください．
お寄せいただいた方には，抽選でプレゼントを差し上げます．